AUF INS WELTALL

Sarah Cruddas

Penguin
Random
House

Lektorat Sam Priddy, Katie Lawrence, Lizzie Davey, Jolyon Goddard,
Olivia Stanford, Laura Gilbert, Sarah Larter
Gestaltung und Bildredaktion Lucy Sims, Jim Green, Bettina Myklebust
Stovne, Viola Wang, Sumedha Chopra, Diane Peyton Jones, Helen Senior
Umschlaggestaltung Jim Green
Herstellung Nikoleta Parasaki, Isabell Schart
Illustrationen Mark Ruffle
Text Sarah Cruddas
Fachliche Beratung Sophie Allan

Für die deutsche Ausgabe:
Programmleitung Monika Schlitzer
Redaktionsleitung Martina Glöde
Projektbetreuung Sebastian Twardokus
Herstellungsleitung Dorothee Whittaker
Herstellungskoordination Ksenia Lebedeva
Herstellung Sophie Schiela

Titel der englischen Originalausgabe:
The Space Race

© Dorling Kindersley Limited, London, 2019
Ein Unternehmen der Penguin Random House Group
Alle Rechte vorbehalten
Text © Sarah Cruddas, 2019

© der deutschsprachigen Ausgabe
by Dorling Kindersley Verlag GmbH, München, 2019
Alle deutschsprachigen Rechte vorbehalten

Übersetzung Birgit Reit
Lektorat Agnes Pahler

ISBN 978-3-8310-3742-1

Druck und Bindung
L.E.G.O. S.p.A., Italien

MIX
Paper from
responsible sources
FSC® C023419

www.dorlingkindersley.de

AUF INS WELTALL

Inhalt

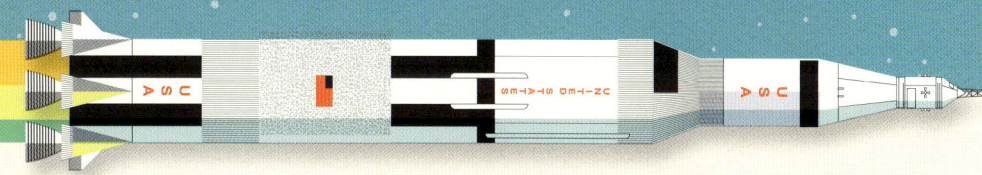

Vorwort

Im Weltraum ist es wunderbar. Eine faszinierendere Erfahrung kann ein Mensch kaum machen. Durchs Fenster sieht man die Erde und wenn man die Arme ausbreitet, meint man, direkt über sie hinwegzufliegen. Man sieht Brände, die Bugwellen von Schiffen und die verschiedenen Farben der Ozeane. Manchmal erkennt man Schnee oder Wälder und Dschungel. Die Erde sieht wunderschön aus. Aber das Beste ist das Schweben in der Schwerelosigkeit!

Ich interessiere mich schon für den Weltraum, seit ich neun Jahre alt war und von den *Gemini*-Astronauten las. Ich wollte auch einer sein. Zwar waren sie alle Männer, aber ich kam nie auf die Idee, dass ich keiner werden könnte, nur weil ich ein Mädchen bin. Ich sagte mir, genau das wirst du – eine Astronautin. Ich hatte schon immer vom Fliegen geträumt und wollte weiter und höher hinaus. Als die *Apollo*-Astronauten auf dem Mond umherspazierten, las ich Bücher über das Fliegen.

Meine Familie hatte wenig Geld, aber ich suchte mir mit 16 einen

Job und sparte für Flugstunden. Später war ich eine der ersten Frauen, die das Pilotentraining der US Air Force absolvierten. Damals wurden Frauen noch nicht im Kampf eingesetzt, aber ich blieb als Fluglehrerin und flog so auch schnelle Düsenflugzeuge. Mit dieser Erfahrung bewarb ich mich an der Schule für Testpiloten, um Astronautin zu werden.

Als ich als erster weiblicher Pilot des Spaceshuttles ausgewählt wurde, wusste ich, dass ich auch Kommandantin werden konnte. Mir war klar, dass ein Kommando über eine Weltraummission der wichtigste Job war, den ich je haben würde. Ich arbeitete bei der NASA so hart ich konnte, weil ich das Allerbeste geben wollte. Es war mir wichtig, mit allen gut auszukommen, das Gespräch zu suchen und die Zusammenarbeit zu fördern, um das Ziel der Mission zu verwirklichen.

Ich flog zweimal als Pilotin ins All und dann, 1999, kam meine erste Mission als Kommandantin. Ich war die erste Frau, die je eine Spaceshuttle-Mission kommandierte. Es war eine große Ehre und auch eine große Verantwortung.

Mein Rat an euch ist: Lernt so viel über die Welt, wie ihr könnt. Seid neugierig.

So werdet ihr erkennen, was ihr mit eurem Leben anfangen wollt. Hört auf eure Lehrer und strengt euch in Mathe, Naturwissenschaften und Informatik an – diese Fächer brauchen wir für die Zukunft. Auch Fremdsprachen sind wichtig, weil viele Länder in der Weltraumforschung zusammenarbeiten.

Ich hoffe, dass Menschen den Mars betreten werden. Dafür werden wir auf dem Mond die Ausrüstung testen müssen. Zwischen 1969 und 1972 waren zwölf Männer auf dem Mond, aber keine Frau. Frauen hätten es selbstverständlich genauso gut gekonnt, nur die Gesellschaft erlaubte es damals noch nicht. Aber wir werden erleben, dass die erste Frau den Mond betritt, und auch, dass Menschen auf dem Mars umherspazieren.

Meine zweite Hoffnung ist, dass wir einen schnelleren Antrieb finden, damit wir die übrigen Planeten im Sonnensystem erreichen und noch weiter hinaus gelangen. Vielleicht werdet ihr ja an einer solchen Entdeckung oder Erfindung beteiligt sein.

Eileen M. Collins

Astronautin Eileen M. Collins
Erste Kommandantin eines Spaceshuttles

Ein einziges Foto genügte, um unsere Vorstellung von der Erde für immer zu verändern. Es zeigt unsere Heimat, den Planeten Erde, vom Mond aus betrachtet. Alles, was wir kennen, existiert nur auf dieser blauen Murmel im Dunkel des Weltalls. Jedes Tier, jede Pflanze und jeder Mensch – einfach alles.

Jahrtausendelang blickten die Menschen hinaus ins All und entwickelten Hilfsmittel wie etwa Teleskope, um mehr darüber zu erfahren, was es dort gibt. Sie träumten von Reisen ins All, von Fahrten zu fernen Sternen, aber erst im Verlauf des vorigen Jahrhunderts begannen diese Träume langsam Wirklichkeit zu werden.

Heute leben wir im sogenannten Weltraumzeitalter. Manche Menschen leben und arbeiten im All und wir entdecken ständig Neues. Der Weltraum ist sehr aufregend, weil wir ihn immer noch nicht besonders gut kennen. Immerhin wissen wir, dass es dort viele andere Planeten gibt – wahrscheinlich Millionen und Abermillionen. Wir können sie aber nicht mit bloßem Auge erkennen, weil sie so weit weg sind, und wir wissen nicht, ob es dort irgendwo Leben gibt.

Wir flogen ins All, weil wir neugierig waren. Und wir machen weiter, weil immer noch so viele Fragen über das Universum unbeantwortet sind.

Erdaufgang
Dieses Foto wurde von den Astronauten von *Apollo 8* am 24. Dezember 1968 aufgenommen. Es ist das erste Foto, das ein Mensch vom Mond aus von der Erde knipste.

Willkommen im Sonnensystem!
Unser Sonnensystem besteht aus einem Stern, der Sonne, und allem, was sie umkreist. Dazu gehören die acht Planeten (vier Gesteins- und vier Gasplaneten), ihre Monde, die Zwergplaneten, der Asteroidengürtel, die Kometen und der Kuipergürtel.

Asteroidengürtel

Sonne

Merkur

Venus

Erde

Mars

Kometen

Jupiter

Sonne

Merkur

Venus

Erde

Mars

Jupiter

Saturn

Pluto
Der Zwergplanet Pluto braucht 248 Erdenjahre, um die Sonne einmal zu umkreisen.

Neptun

Uranus

Saturn

Kuipergürtel
In dieser Region am Rande des Sonnensystems kreisen Millionen von Eis- und Gesteinsobjekten, darunter Kometen und Zwergplaneten.

Entfernungen
Die Abstände zwischen den Himmelskörpern im Weltall sind riesig. Die Erde ist etwa 150 Millionen Kilometer von der Sonne entfernt. Die Wissenschaftler nennen diese Entfernung eine Astronomische Einheit (AE).

Uranus　　　　　　　　　　**Neptun**

Gesteinsplaneten
Die vier inneren Planeten des Sonnensystems heißen Gesteinsplaneten, weil sie hauptsächlich aus Gestein bestehen.

Merkur
Merkur liegt der Sonne am nächsten. Er hat eine glühend heiße, steinige Oberfläche und es gibt dort keine Luft zum Atmen.

Venus
Der zweite Planet im Sonnensystem hat eine sehr dichte Atmosphäre. Sie würde landende Raumfahrzeuge zerdrücken.

Erde
Unser Heimatplanet ist von der Sonne aus gesehen der dritte und gleichzeitig der fünftgrößte im Sonnensystem.

Mars
Er ist auch als der „Rote Planet" bekannt, weil das Gestein auf seiner Oberfläche viel rötlichen Rost (Eisenoxid) enthält.

Gasriesen
Die vier äußeren Planeten sind die größten im Sonnensystem. Sie bestehen vor allem aus Gas, sodass Raumfahrzeuge dort nicht landen können.

Jupiter
Der größte Planet im Sonnensystem ist so riesig, dass die Erde mehr als 1300-mal hineinpassen würde!

Saturn
Dieser riesige Planet ist berühmt für seine herrlichen Ringe, die aus Gesteins- und Eisteilchen bestehen.

Uranus
Er bildet eine Ausnahme, weil er auf seiner Umlaufbahn auf die Seite gekippt ist.

Neptun
Er ist am weitesten von der Sonne entfernt und gleichzeitig der Planet mit den heftigsten Stürmen im Sonnensystem.

Unser Stern, die Sonne, ist einer von vielen hundert Milliarden Sternen in einer Galaxie, die Milchstraße heißt. Diese Galaxie ist aber auch nur eine von vielen Milliarden Galaxien im Universum. Es gibt so viele Sterne und Galaxien, dass niemand sie jemals alle zählen könnte.

Sonnensystem

Die Erde gehört zum Sonnensystem. Sie dreht sich um die Sonne, die einer von sehr vielen Sternen in der Milchstraße ist. Die Sterne werden von Planeten umkreist.

Erde

Auf unserem Planeten herrschen perfekte Bedingungen für Lebewesen. Der passende Abstand zur Sonne sorgt für die richtige Temperatur, bei der Wasser flüssig ist. Derzeit ist die Erde der einzige Ort, von dem wir sicher wissen, dass er Leben hervorgebracht hat.

Milchstraße

Unser Sonnensystem liegt in einem äußeren Spiralarm der Milchstraße und kreist um ihr Zentrum. Eine Umkreisung dauert etwa 230 Millionen Jahre.

Universum voller Galaxien

Das Hubble-Weltraumteleskop nahm dieses Foto auf. Jede Form, die du darauf erkennen kannst, ist eine Galaxie. Man sieht hier aber nur einige wenige der vielen Milliarden Galaxien im Universum.

Steinzeit
Diese Malerei wurde in den Höhlen von Lascaux in Südwest-Frankreich entdeckt. Sie entstand in der Steinzeit und ist älter als 15 000 Jahre. Über der Schulter des Stieres liegt ein Sternhaufen mit sechs Sternen, den Plejaden.

Antikes Griechenland
Die Griechen bezeichneten die Planeten als „Wandelsterne", weil sie wie Sterne aussahen, sich aber am Himmel bewegten. Die damaligen Astronomen gehörten zu den ersten Menschen, die das Sonnensystem erforschten.

Träume vom Weltraum

In klaren Nächten schaust du vielleicht manchmal zum Nachthimmel hinauf und fragst dich, was dort draußen ist. Wir Menschen waren schon immer vom Weltall fasziniert.

Jahrtausendealte Höhlenmalereien sind die ersten Zeugnisse dafür, dass Menschen zu den Sternen aufblickten. Später zeichneten Astronomen erste Karten des Nachthimmels. Im Zeitalter der Entdeckungen (1450–1750), als Menschen die Erde erforschten, waren die Ozeane das „Große Unbekannte". Die Seeleute orientierten sich an den Positionen von Sternen und Mond.

Mit dem technischen Fortschritt Anfang des 20. Jahrhunderts wurden die Träume mutiger. Science-Fiction-Autoren malten sich Reisen zum Mond und zu anderen Welten aus. In Wirklichkeit lag aber ein Flug ins All noch außerhalb unserer Möglichkeiten.

Navigation

Seeleute ermittelten ihre Route anhand der Positionen von Sternen am Nachthimmel. Die Sternbilder halfen ihnen auch zu bestimmen, wo Norden, Osten, Süden und Westen lagen.

Altes China

In China hat die Astronomie eine lange Tradition – die alten Chinesen dachten, dass die Bewegungen der Sterne die Taten ihrer Kaiser darstellten. Diese Sternkarte, die um das Jahr 700 entstand, ist die älteste bekannte Karte des Nachthimmels.

Science-Fiction

Der 1898 veröffentlichte Roman *Krieg der Welten* von H. G. Wells traf mit seiner Geschichte von Außerirdischen und Flügen durchs Weltall genau den Nerv der damaligen Leser.

Frühe Träume von der Raumfahrt

Der französische Film *Le Voyage dans la Lune* (*Die Reise zum Mond*) kam 1902 heraus. Er erzählt von einer Gruppe Astronomen, die mit einer Kanone von der Erde zum Mond hinaufgeschossen werden.

Montgolfieren
Die Brüder Montgolfier aus Südfrankreich erfanden den Heißluftballon und gaben damit das Startsignal für die Luftfahrt.

Wright Flyer
Das erste motorisierte Flugzeug der Welt bestand aus Holz, das teilweise mit festem Baumwollstoff bespannt war.

Hoch in die Luft!

Bevor wir ins All fliegen konnten, mussten wir erst den Himmel erobern. Einige der ersten Flugversuche, mit vogelähnlichen Flügeln an den Armen, waren nicht gut ausgegangen.

Der erste Erfolg stellte sich 1783 ein, als ein Schaf, eine Ente und ein Hahn mit einem Heißluftballon in die Luft geschickt wurden. Aber erst am 17. Dezember 1903 machten die Brüder Wilbur und Orville Wright (USA) das scheinbar Unmögliche möglich: Sie konstruierten und flogen das erste brauchbare Flugzeug, den *Wright Flyer*. Der erste Flug dauerte zwar nur 12 Sekunden, aber er regte noch mehr Menschen dazu an, mit Flugzeugen zu experimentieren.

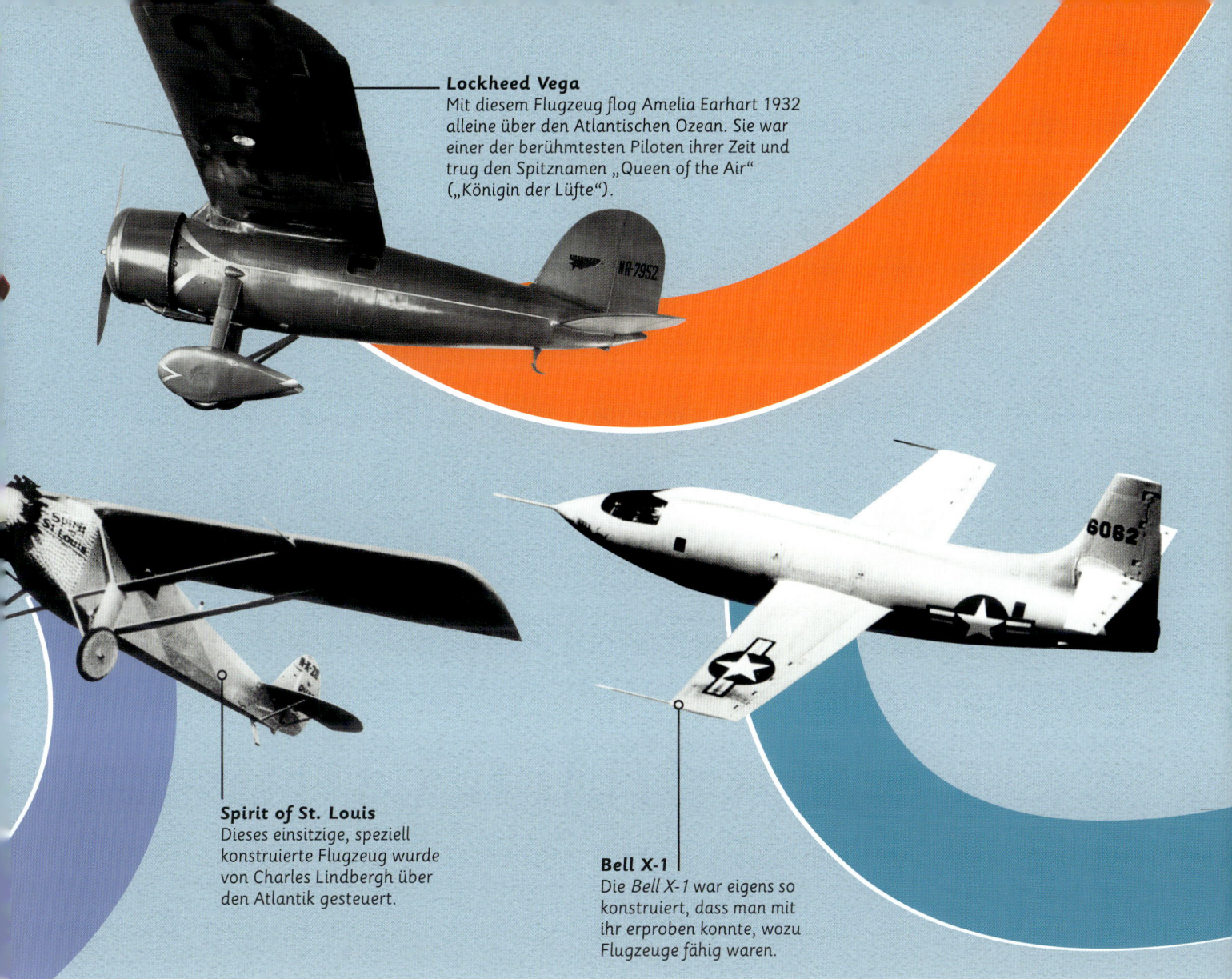

Lockheed Vega
Mit diesem Flugzeug flog Amelia Earhart 1932 alleine über den Atlantischen Ozean. Sie war einer der berühmtesten Piloten ihrer Zeit und trug den Spitznamen „Queen of the Air" („Königin der Lüfte").

Spirit of St. Louis
Dieses einsitzige, speziell konstruierte Flugzeug wurde von Charles Lindbergh über den Atlantik gesteuert.

Bell X-1
Die *Bell X-1* war eigens so konstruiert, dass man mit ihr erproben konnte, wozu Flugzeuge fähig waren.

Ein neues Zeitalter der Forschung hatte begonnen. 1927 war Charles Lindbergh der Erste, der mit dem Flugzeug von New York nach Paris flog. Und 1932 überquerte Amelia Earhart als erste Frau alleine den Atlantischen Ozean.

Im Zweiten Weltkrieg wurden die Flugzeuge größer und leistungsfähiger.

Länder wie Deutschland, Japan, Großbritannien und die USA bauten neue Bomber, Kampf- und Transportflugzeuge. Diese Entwicklungen führten zur *Bell X-1*, mit der Charles „Chuck" Yeager 1947 die Schallmauer durchbrach. Die *Bell X-1* war mehr Rakete als Flugzeug und sie bewies, dass Flüge in den Weltraum langsam in greifbare Nähe rückten.

In den Weltraum kommt man nur mit einer starken Rakete. Raketen sind zwar eine moderne Erfindung, aber die Ideen dazu sind bereits viele Tausend Jahre alt.

Der griechische Gelehrte und Philosoph Archytas dachte als einer der Ersten über Raketen nach. Er baute um 400 v. Chr. eine dampfgetriebene Holztaube, die wohl mithilfe einer Schnur 200 Meter weit flog. Die ersten echten Raketen gab es in China – dort hatte man das Schießpulver erfunden.

Archytas und die fliegende Taube
Die fliegende Taube des Archytas war aus Holz und wurde mit Dampf angetrieben.

Raketenantrieb

Die Chinesen füllten Schwarzpulver in Rohre, die beim Anzünden Pfeile abschossen. Das Prinzip wurde um das Jahr 1200 im Krieg verwendet.

Erst zu Beginn des 20. Jahrhunderts dachten Wissenschaftler auch an Weltraumflüge mit Raketen. Im Zweiten Weltkrieg entwickelten deutsche Ingenieure unter der Leitung des Raketenforschers Wernher von Braun die V2-Rakete. Diese Langstreckenrakete war so stark, dass sie bis an die Grenze des Weltraums gelangte.

Chinesische Feuerpfeile

Beim Anzünden des Schießpulvers schossen Gas, Feuer und Rauch aus der Öffnung eines Rohres und trieben den Pfeil vorwärts.

Konstantin Ziolkowski

Der sowjetische Ingenieur Konstantin Ziolkowski entwickelte 1903 die mathematischen Gleichungen für Raketenflüge.

So funktionieren Raketen

Die Grundprinzipien des Raketenflugs sind einfach. Brennender Raketentreibstoff setzt Gase frei, die die Rakete nach oben schieben. Dazu braucht die Rakete unten ein Loch, aus dem das Gas entweichen kann. Die Spitze muss glatt sein, damit sie leicht durch die Luft dringt und kaum durch Luftwiderstand gebremst wird.

Reaktion
Die Rakete reagiert auf die Kraft des unten herausgepressten Gases und fliegt aufwärts.

Aktion
Das Ausströmen des Gases aus dem unteren Ende treibt die Rakete vorwärts.

Robert Goddard

Etwa 1929 startete der Ingenieur Robert Goddard (USA) die erste Rakete mit Flüssigtreibstoff der Welt. Damit legte er die Grundlagen der modernen Raketenwissenschaft fest und bewies, dass Raketen auch im Weltraum funktionieren würden.

Robert Esnault-Pelterie

Ab etwa 1930 experimentierte der Ingenieur Robert Esnault-Pelterie (Frankreich) mit verschiedenen Raketentypen. Bei einem Experiment verlor er durch eine Explosion mehrere Finger!

Hermann Oberth

Der deutsche Physiker und Ingenieur Hermann Oberth (Mitte) ließ sich durch Science-Fiction inspirieren. Seine Arbeit zeigte, wie Raketen die Schwerkraft der Erde überwinden konnten.

V2-Rakete

Die deutsche V2-Rakete, die 1942 erstmals eingesetzt wurde, diente im Zweiten Weltkrieg als Waffe. Sie zeigte aber auch, dass es möglich war, mit Raketen ins All zu gelangen.

Von Braun

Im Zweiten Weltkrieg kämpften die USA und die Sowjetunion auf derselben Seite. Nach Kriegsende im Jahr 1945 entstand jedoch ein neuer Konflikt zwischen den beiden Staaten – der Kalte Krieg. So etwas hatte die Welt noch nie erlebt, denn hier standen sich zwei äußerst mächtige Nationen gegenüber.

Es kam im Kalten Krieg aber nie zu Kampfhandlungen zwischen den USA und der Sowjetunion. Beide wollten stattdessen ihren Einfluss auf der Welt ausweiten und beweisen, dass ihre Lebensweise die bessere war. Die Eroberung des Alls bot eine Möglichkeit da. Daher brauchten sie die besten Ingenieure: Wernher von Braun und Sergej Koroljow.

Beide Länder wollten unbedingt ihre Raketentechnologie perfektionieren. Nach dem Zweiten Weltkrieg gingen einige der deutschen Ingenieure, die

Wernher von Braun 1912–1977

Der Deutsche Wernher von Braun interessierte sich schon von frühster Kindheit an für Reisen in den Weltraum. Sein großes Vorbild war der Raketenpionier Hermann Oberth. Später wurde von Braun in den USA ein sehr berühmter Mitarbeiter der NASA.

gegen Koroljow

die V2-Rakete konstruiert hatten, in die Sowjetunion und viele andere in die USA – wie auch Wernher von Braun, der die V2 erfunden hatte. Das neue Team um Wernher von Braun entwickelte zunächst Raketen für die Armee. Erst später wechselten sie zur neu gegründeten Raumfahrtbehörde NASA (National Aeronautics and Space Administration).

In der Sowjetunion leitete der Raketeningenieur und -konstrukteur Sergej Koroljow die Entwicklung. Er startete das sowjetische Weltraumprogramm und leitete die Konstruktion der Raumfahrzeuge. Im Sommer 1955 kündigten die USA an, einen Satelliten ins All schießen zu wollen, und nur wenige Tage später zog die Sowjetunion nach. Der Wettlauf ins All hatte begonnen.

Sergej Koroljow 1907–1966

Sergej Koroljow stammte aus der heutigen Ukraine und war ursprünglich Flugzeugentwickler. Er war der führende Kopf hinter dem Raketenprogramm der Sowjetunion. Damals wurde sein Name aber vor der ganzen Welt geheim gehalten.

23

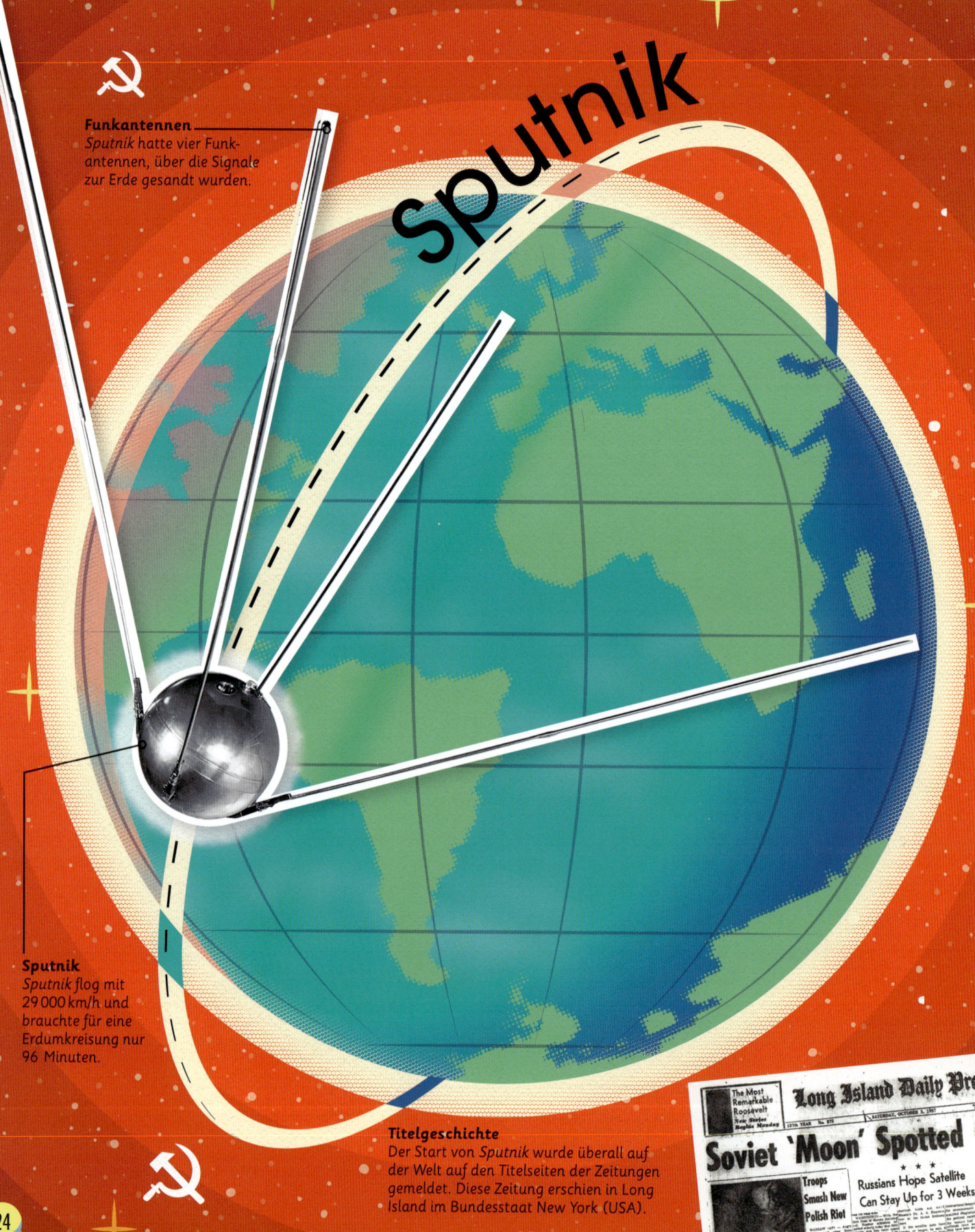

sputnik

Funkantennen
Sputnik hatte vier Funkantennen, über die Signale
zur Erde gesandt wurden.

Sputnik
Sputnik flog mit
29 000 km/h und
brauchte für eine
Erdumkreisung nur
96 Minuten.

Titelgeschichte
Der Start von *Sputnik* wurde überall auf
der Welt auf den Titelseiten der Zeitungen
gemeldet. Diese Zeitung erschien in Long
Island im Bundesstaat New York (USA).

Long Island Daily Pres

Soviet 'Moon' Spotted O

Troops
Smash New
Polish Riot

Russians Hope Satellite
Can Stay Up for 3 Weeks

Am 4. Oktober 1957 wurde ein silberfarbener Satellit von der Größe eines Wasserballs auf die Spitze einer Rakete gesetzt und ins Weltall geschossen. Er war der erste von Menschen gebaute Gegenstand, der die Erde umkreiste. Zum Ärger der USA war es die Sowjetunion, der diese Leistung gelang.

Sputnik heißt auf Russisch „Weggefährte". Der kleine Satellit sandte Radiosignale zur Erde, die seine Position anzeigten. Die Neuigkeit seines Starts wurde mit Angst und Erstaunen zugleich aufgenommen. Weltweit machten sich die Menschen Sorgen, dass dadurch ein neuer Weltkrieg ausgelöst werden könnte, weil es zwischen den USA und der Sowjetunion bereits so starke Spannungen gab.

Gleichzeitig herrschte freudige Erregung, denn *Sputnik* markierte den Beginn des Weltraumzeitalters. Als er die Erde drei Wochen lang umkreist hatte, waren die Batterien aufgebraucht und er sandte keine Signale mehr. Später verglühte er in der Atmosphäre. *Sputnik* bewirkte, dass in allen Köpfen eine Frage umherschwirrte: „Könnten als nächstes Menschen ins All fliegen?"

Von der Erde aus
Vom Boden her betrachtet, sah *Sputnik* aus wie eine Sternschnuppe.

Satelliten-Beobachter
Überall auf der Welt hielten Menschen am Nachthimmel nach *Sputnik* Ausschau.

Laikas Mission

Laikas Reise um die Erde in der Kapsel *Sputnik 2* bereitete den Weg für weitere Flüge von Hunden und schließlich Menschen. Leider endete Laikas Mission im All damit, dass sie in der Umlaufbahn verstarb.

Tiere im Weltall

Tiere bereiteten den Weg ins All. Die Wissenschaftler wussten nicht, ob Menschen eine Reise ins All überleben würde – und wenn ja, welche Folgen das für den Körper hätte.

Daher schickten sie zuerst Tiere ins All, um die Wirkung der Raumfahrt auf Lebewesen zu testen. Diese Tests begannen schon kurz nach dem Zweiten Weltkrieg. 1947 sandten die US-Amerikaner mit einer deutschen V2-Rakete Fruchtfliegen ins All. Zwischen 1947 und 1955 wurden verschiedene Kleintiere, etwa Mäuse, in große Höhen geschossen.

Eines der berühmtesten Tiere im All war eine herrenlose Hündin namens Laika aus der Sowjetunion. Am 3. November 1957 wurde sie das erste Tier, das die Erde umkreiste.

Auch Schimpansen wurden ins All geschickt, unter ihnen Ham. Er war darauf dressiert, eine Reihe von Hebeln in der richtigen Reihenfolge zu betätigen, und erhielt danach immer Bananenscheiben als Belohnung. Die NASA wollte testen, ob Ham seine Aufgabe auch erledigen konnte, während er fast schwerelos im All schwebte. Hams Weltraummission dauerte insgesamt 16 Minuten.

Hams Mission

Ham war bei seinem Start im Januar 1961 erst drei Jahre alt. Die Mission brachte ihm den Spitznamen „Astrochimp" („Astro-Schimpanse") ein. Nach der Rückkehr verbrachte er sein Leben im Zoo in Washington, D.C. (Hauptstadt der USA).

Hier sind die
Mercury 7

Du siehst hier Alan Shepard, Virgil „Gus" Grissom, Gordon Cooper, Walter „Wally" Schirra, Donald „Deke" Slayton, John Glenn und Scott Carpenter. Sie wurden 1959 weltberühmt, denn sie waren die ersten Astronauten der USA. Man nannte sie die *Mercury 7*.

Die *Mercury 7* waren aus einer Gruppe von mehr als 100 Elite-Testpiloten der Armee ausgewählt worden. Sie beherrschten verschiedene Flugzeuge und behielten auch in gefährlichen Situationen einen kühlen Kopf. Sie hatten bewiesen, dass sie fähig waren ins All zu fliegen. Dazu mussten sie viele Tests bestehen, bei denen Wissenschaftler simulierten, was auf Weltraumflügen passieren könnte. Außerdem durften sie höchstens 1,80 Meter groß sein, weil sie in eine kleine Raumkapsel passen mussten.

Ihre Mission war das *Mercury*-Projekt der NASA, die vor der Sowjetunion einen Astronauten ins All bringen wollte. Das Programm war nach dem römischen Gott Merkur benannt, der für seine Schnelligkeit berühmt war. Sie waren die Besten ihrer Zeit und Helden in den USA.

Alan Shepard

Walter Schirra

Virgil Grissom

Gordon Cooper

Scott Carpenter

John Glenn

Donald Slayton

Juri Gagarin
Der erste Mensch, der ins All flog, Juri Gagarin, hält hier eine Taube in der Hand — ein Symbol des Friedens. Rechts von ihm ist ein Foto seines Starts in den Weltraum an Bord der Rakete *Wostok 1*.

Erste Menschen im All

Am 12. April 1961 wurde beim Wettlauf ins All ein Durchbruch erzielt. Zum ersten Mal in der Geschichte verließ ein Mensch die Erde und flog in den Weltraum. Es war der Kosmonaut Juri Gagarin, ein 27-jähriger Kampfflugzeugpilot aus der Sowjetunion.

Juri Gagarin hatte an diesem Morgen seinen Raumanzug angelegt und war mit dem Bus zur Startrampe in Baikonur (Kasachstan) gefahren. Dort kletterte er in die winzige Raumkapsel an der Spitze der Rakete. Der Countdown begann. Direkt vor dem Start rief Gagarin laut: „Los geht's!" Minuten später war er im All. Unter den Zuschauern war auch der Erfinder der Rakete, Sergej Koroljow, der vor lauter Nervosität die ganze Nacht zuvor nicht geschlafen hatte.

Juri Gagarin flog in einer Höhe von über 320 Kilometern mit einem Tempo von 8 Kilometern pro Sekunde um die Erde – höher als je ein Mensch vor ihm. Er erblickte die Erde als erster Mensch vom Weltraum aus und erlebte auch als Erster die Schwerelosigkeit. In der kleinen Kapsel hatte er allerdings keinen Platz zum Umherschweben.

Tradition vor dem Start

Am Tag seines Starts pinkelte Juri Gagarin auf die Hinterreifen des Busses, der ihn zur Startrampe brachte! Seither tun das alle Kosmonauten, die von Baikonur aus starten. Es ist zur festen Tradition geworden.

1 Stunde und 48 Minuten später kehrte Juri Gagarin nach einer erfolgreichen Umrundung der Erde sicher und wohlbehalten zurück. Er wurde in der Sowjetunion als Held gefeiert, während die USA in Schockstarre verfielen – sie waren einmal mehr geschlagen worden.

Die Amerikaner

Am 5. Mai 1961 flog Alan Shepard als erster US-Amerikaner und zweiter Mensch ins All – nur wenige Wochen nach Juri Gagarin. Sein Raumflug dauerte jedoch nur 15 Minuten. Erst im Februar 1962 war es so weit, dass ein US-Amerikaner – John Glenn – die Erde umkreisen konnte.

Wettrennen zum Mond

„Wir haben beschlossen, **zum Mond** zu fliegen! Wir haben beschlossen, **in diesem Jahrzehnt** zum Mond zu fliegen und noch andere Dinge zu unternehmen, nicht weil es leicht ist, sondern weil es schwierig ist …"
– John F. Kennedy

Am 25. Mai 1961 stellte US-Präsident John F. Kennedy seiner Regierung eine neue Idee vor: Er wollte noch vor dem Ende des Jahrzehnts Menschen zum Mond und sicher wieder zurück bringen. Bis dahin hatte erst ein amerikanischer Astronaut 15 Minuten im All verbracht und eine Mondlandung erschien nahezu unmöglich.

Im September desselben Jahres hielt Präsident Kennedy in Houston (Texas, USA) vor 40 000 Menschen eine berühmte Rede. Darin erklärte er es als sein Ziel, vor der Sowjetunion Menschen auf dem Mond landen zu lassen. Damals war die Raumfahrt noch sehr neu und geheimnisvoll. Die Amerikaner wussten, dass die Sowjetunion einen Vorsprung hatte, weil sie den ersten Menschen ins All geschickt hatte.

Nur eine große Anstrengung würde die USA in Führung bringen.

Präsident Kennedy kam auf den Gedanken der Mondlandung, weil sie für die Sowjetunion mit ihren bisherigen Raketen nicht zu schaffen war. Die Raumfahrt-Technologie der USA war weiter fortgeschritten und die NASA bestätigte, dass das Ziel erreichbar war.

Der führende Raketenkonstrukteur, Wernher von Braun, konnte nun seinen Traum verwirklichen, Menschen weiter hinaus ins All zu befördern. Mit einem großen Team bei der NASA und weiteren Ingenieuren im ganzen Land machte sich Braun an die schwierige Aufgabe, eine Rakete zu bauen, mit der die ersten Menschen zum Mond fliegen konnten.

Die Umlaufbahn des Mondes

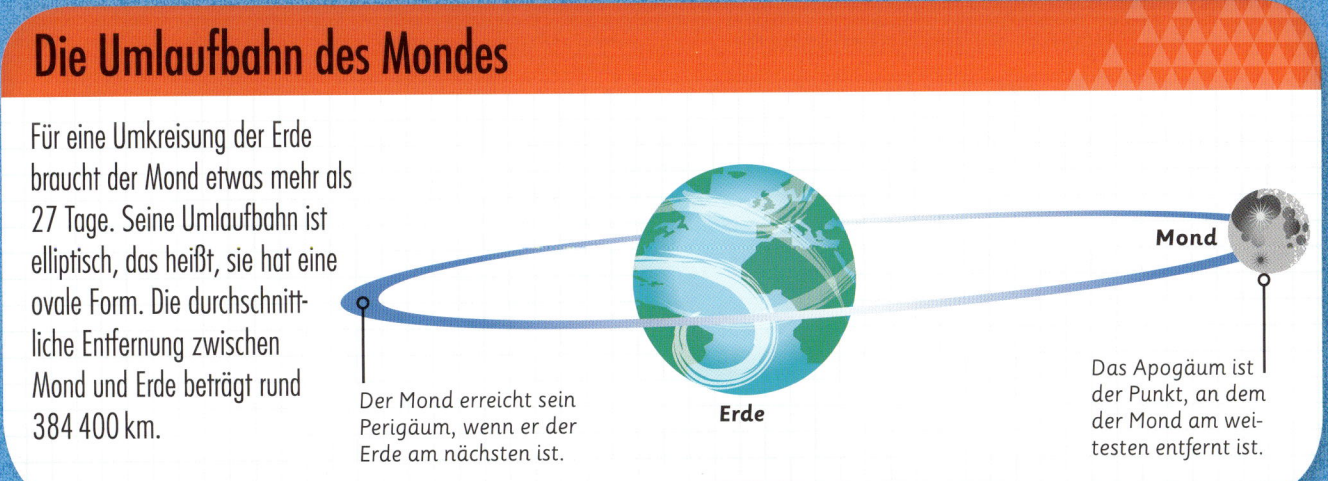

Für eine Umkreisung der Erde braucht der Mond etwas mehr als 27 Tage. Seine Umlaufbahn ist elliptisch, das heißt, sie hat eine ovale Form. Die durchschnittliche Entfernung zwischen Mond und Erde beträgt rund 384 400 km.

Der Mond erreicht sein Perigäum, wenn er der Erde am nächsten ist.

Erde

Mond

Das Apogäum ist der Punkt, an dem der Mond am weitesten entfernt ist.

Walentina Tereschkowa

Während die USA alles daran setzten, den Mond zu erreichen, setzte die Sowjetunion ihre Serie neuer Rekorde in der Raumfahrt fort. Am 16. Juni 1963 flog Walentina Tereschkowa als erste Frau ins All.

Sie umkreiste die Erde 3 Tage lang in der *Wostok*-Kapsel. Ihr Rufzeichen war „Tschaika", was übersetzt „Möwe" bedeutet. Auf der Erde wurde ein kurzer Film gezeigt, in dem Tereschkowa lächelte, während ihr Logbuch vor ihr im Raum schwebte.

Ihr Flug war eine von zwei Missionen. Der Kosmonaut Waleri Bykowski war in einer eigenen Kapsel unterwegs, die 2 Tage zuvor gestartet war.

Für die erfahrene Fallschirmspringerin Tereschkowa erfüllte sich ein lang gehegter Traum. Sie hatte sich nach Juri Gagarins Raumflug 1961 freiwillig für das Kosmonautentraining gemeldet. Ihre Mission machte sie weltberühmt.

Trainieren für das All

Walentina Tereschkowa bereitete sich 18 Monate lang auf den Raumflug vor. Sie trainierte hart und absolvierte viele Tests, um später allein im All zurechtzukommen.

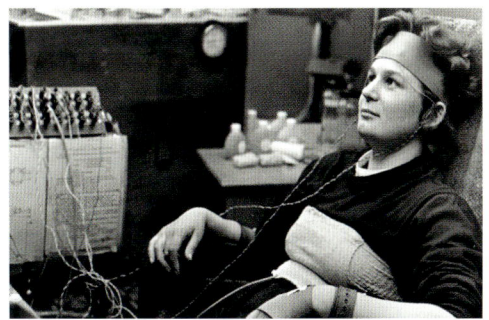

Maschinen überwachten ihre körperliche Gesundheit.

Mit diesem rotierenden Gerät (Gyroskop) wurde das Trudeln im Weltraum simuliert.

Tereschkowa studierte Maschinenbau, um zu verstehen, wie Triebwerke funktionieren.

Erste Raumkapseln

Die ersten Raumfahrzeuge waren winzig. Sie boten nur Platz für eine Person, die darin kaum Bewegungsfreiheit hatte. Es gab weder Schlaf- noch Waschgelegenheiten und auch keine Toiletten. Zum Glück dauerten die ersten Raumfahrtmissionen nie sehr lange.

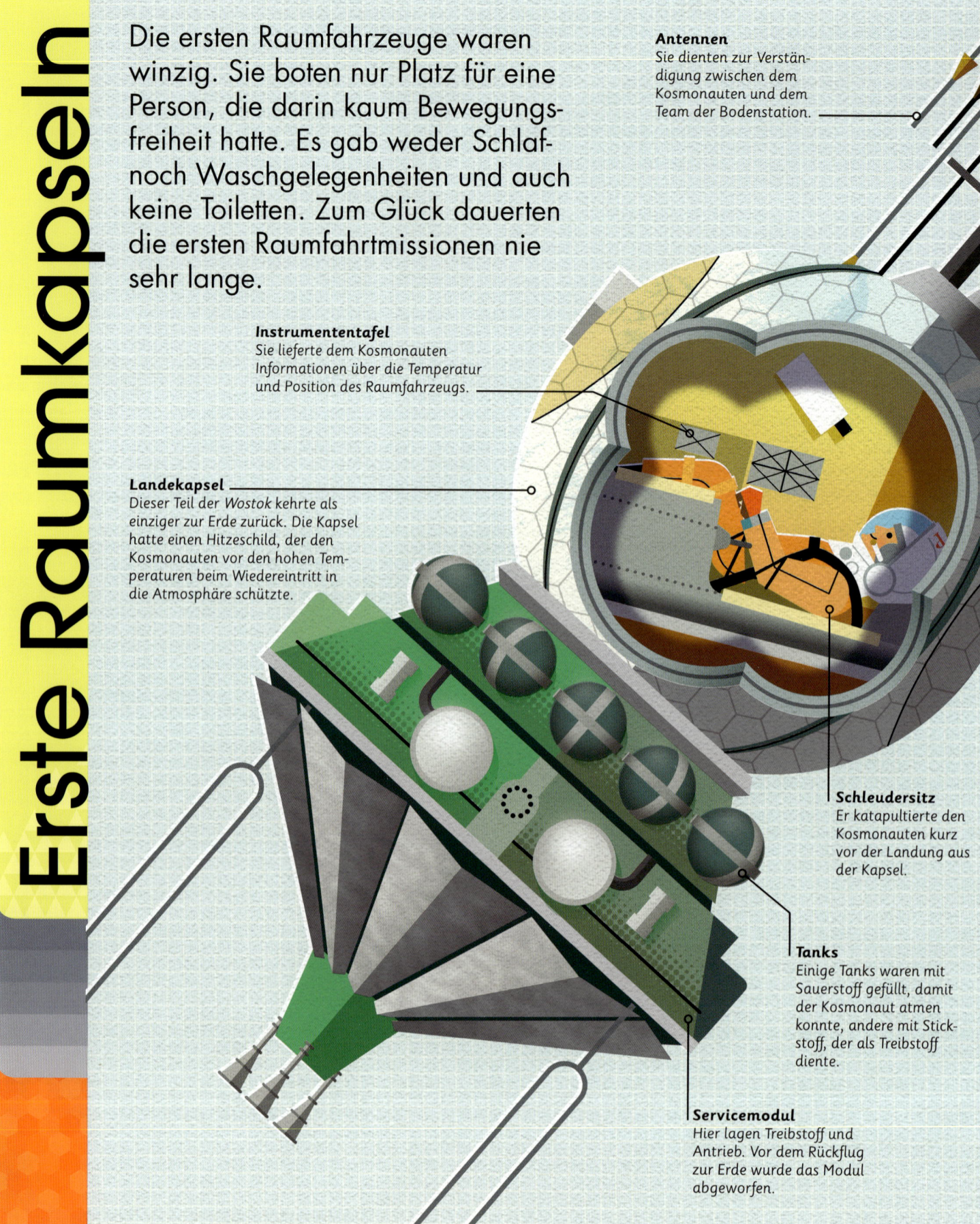

Antennen
Sie dienten zur Verständigung zwischen dem Kosmonauten und dem Team der Bodenstation.

Instrumententafel
Sie lieferte dem Kosmonauten Informationen über die Temperatur und Position des Raumfahrzeugs.

Landekapsel
Dieser Teil der *Wostok* kehrte als einziger zur Erde zurück. Die Kapsel hatte einen Hitzeschild, der den Kosmonauten vor den hohen Temperaturen beim Wiedereintritt in die Atmosphäre schützte.

Schleudersitz
Er katapultierte den Kosmonauten kurz vor der Landung aus der Kapsel.

Tanks
Einige Tanks waren mit Sauerstoff gefüllt, damit der Kosmonaut atmen konnte, andere mit Stickstoff, der als Treibstoff diente.

Servicemodul
Hier lagen Treibstoff und Antrieb. Vor dem Rückflug zur Erde wurde das Modul abgeworfen.

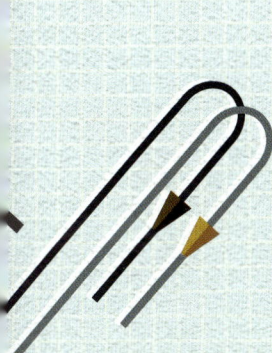

Wostok

Die Sowjetunion sandte ihre ersten Kosmonauten mit dem Raumschiff *Wostok* in den Weltraum. Es wurde zum ersten Mal 1961 für die Mission von Juri Gagarin eingesetzt.

Wostok-Rückkehrmission

Als sei der Flug ins All noch nicht wagemutig genug, mussten sich die ersten Kosmonauten bei der Rückkehr aus dem Raumfahrzeug schleudern lassen und mit dem Fallschirm landen. Die Landung der *Wostok* war so hart, dass sich der Kosmonaut sonst verletzt hätte.

Nach dem Start trennt sich die Raumkapsel von der Rakete.

11 Minuten nach dem Start ist der Kosmonaut im Weltraum.

In etwa 7 km Höhe betätigt der Kosmonaut den Schleudersitz und landet mit einem Fallschirm.

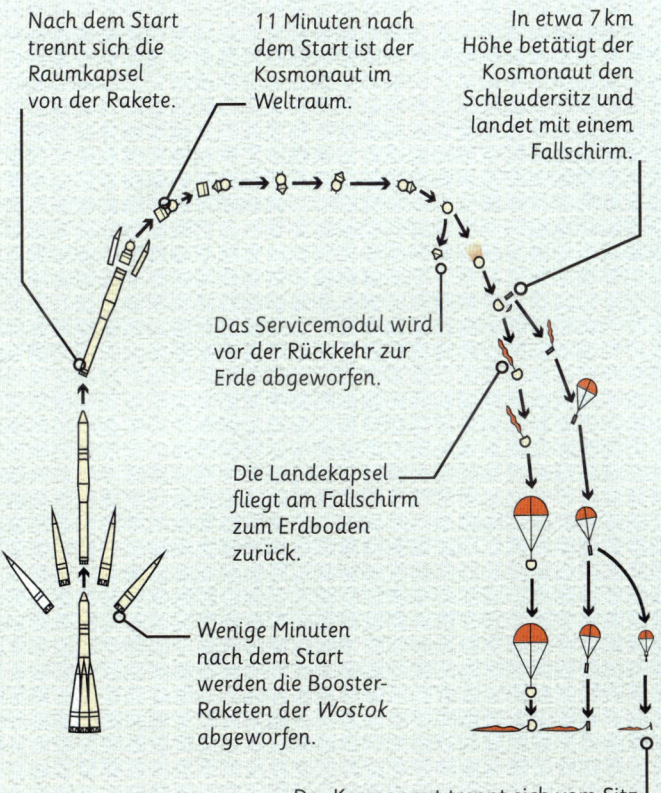

Das Servicemodul wird vor der Rückkehr zur Erde abgeworfen.

Die Landekapsel fliegt am Fallschirm zum Erdboden zurück.

Wenige Minuten nach dem Start werden die Booster-Raketen der *Wostok* abgeworfen.

Der Kosmonaut trennt sich vom Sitz und landet sicher auf der Erde.

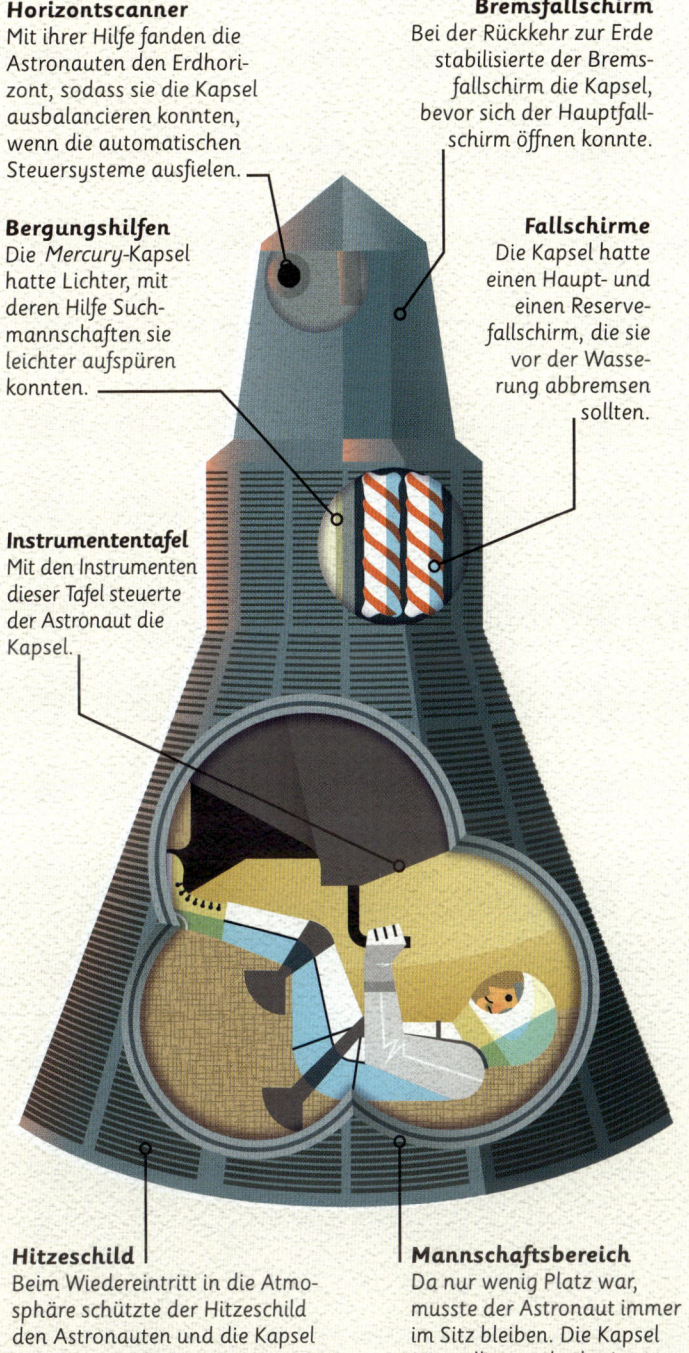

Horizontscanner
Mit ihrer Hilfe fanden die Astronauten den Erdhorizont, sodass sie die Kapsel ausbalancieren konnten, wenn die automatischen Steuersysteme ausfielen.

Bergungshilfen
Die *Mercury*-Kapsel hatte Lichter, mit deren Hilfe Suchmannschaften sie leichter aufspüren konnten.

Bremsfallschirm
Bei der Rückkehr zur Erde stabilisierte der Bremsfallschirm die Kapsel, bevor sich der Hauptfallschirm öffnen konnte.

Fallschirme
Die Kapsel hatte einen Haupt- und einen Reservefallschirm, die sie vor der Wasserung abbremsen sollten.

Instrumententafel
Mit den Instrumenten dieser Tafel steuerte der Astronaut die Kapsel.

Hitzeschild
Beim Wiedereintritt in die Atmosphäre schützte der Hitzeschild den Astronauten und die Kapsel vor extremen Temperaturen.

Mannschaftsbereich
Da nur wenig Platz war, musste der Astronaut immer im Sitz bleiben. Die Kapsel war selbst an der breitesten Stelle nur 1,9 m breit.

Mercury

Die *Mercury*-Kapsel der NASA war für eine Landung im Meer gebaut worden. Die Kapsel wurde ab 1961 für sechs bemannte Raumfahrtmissionen verwendet. Die längste Mission vollführte Gordon Cooper, der mehr als 34 Stunden zusammengekauert in der Kapsel verbrachte und die Erde 22-mal umrundete!

Weltraumspaziergang

Probleme mit dem Anzug

Leonows Raumanzug blähte sich bei dem Spaziergang so sehr auf, dass er nicht mehr durch die Schleuse passte. Damit er zurück in die Kapsel gelangen konnte, öffnete Leonow ein Spezialventil und ließ etwas Sauerstoff ab. Mit dieser raffinierten Idee verhinderte er eine Katastrophe.

In diesem Selbstporträt schwebt Alexej Leonow über der Erde. Das lange Seil verhindert, dass er abdriftet.

Nachdem bereits mehrere Menschen ins All geflogen waren, stellte das Verlassen des Raumfahrzeugs die nächste Herausforderung dar. Da es im All weder Boden noch Schwerkraft gibt, kann man nicht einfach „spazieren gehen". Man schwebt stattdessen umher und ist nur durch einen Raumanzug geschützt.

Auch in Sachen Weltraumspaziergang hatte die Sowjetunion die Nase vorn. Am 18. März 1965 „spazierte" der Kosmonaut Alexej Leonow als erster Mensch im All. Er schwebte 12 Minuten lang hoch über der Erde und war nur mit einem Seil am Raumfahrzeug befestigt. Leonow sah ganze Länder unter sich vorbeiziehen. Kommandant Pawel Beljajew wartete im Raumfahrzeug.

Bei der Rückkehr zur Erde kam es zu einer Verzögerung, sodass beide Kosmonauten 400 Kilometer von der geplanten Stelle entfernt landeten. Sie fanden sich in einem Wald voller Wölfe wieder, wurden jedoch sicher geborgen.

Alexej Leonow beschrieb den Spaziergang als „etwas völlig Unbegreifliches". Da er ein talentierter Künstler war, malte er Bilder von seinem Erlebnis.

Gemini-Projekt

Für einen Flug zum Mond hatte die NASA noch viel zu lernen, also rief sie das *Gemini*-Projekt ins Leben. *Gemini* sollte zwei Astronauten in den Weltraum befördern, um Weltraumspaziergänge und das Andocken von Raumfahrzeugen zu üben. Sie blieben länger im All als je zuvor.

Im März 1966 führte *Gemini 8* mit David Scott und Neil Armstrong das erste Andockmanöver zweier Raumschiffe in der Umlaufbahn durch. Nach der erfolgreichen Kopplung mit dem unbemannten *Agena*-Zielflugkörper geriet ihre Kapsel jedoch unkontrolliert ins Trudeln.

Es bestand große Gefahr, aber Neil Armstrong reagierte richtig. Obwohl er wegen der rasenden Drehung nur verschwommen sah, bekam Armstrong die Kapsel wieder unter Kontrolle. Er brach die Mission ab und sorgte für eine sichere Rückkehr zur Erde. Diese für einen Pilot hervorragende Leistung blieb nicht unbemerkt.

Gemini 8
Die Astronauten David Scott (links) und Neil Armstrong (rechts) posieren mit einem Modell der *Gemini*-Kapsel.

Der amerikanische Weltraumspaziergang

Am 3. Juni 1965 verließ Edward White als erster US-Amerikaner sein Raumfahrzeug. Er verbrachte 23 Minuten schwebend im All, nur über eine Leine mit der *Gemini*-Kapsel verbunden. Beim Manövrieren half ihm eine tragbare Sauerstoffdüse.

Blick von *Gemini 8* auf den *Agena-Zielflugkörper*. Die Erde ist rechts unten im Foto zu sehen.

Raketen-Frauen

Während des Wettlaufs ins All waren alle US-amerikanischen Astronauten männlich, aber auch Frauen wollten ins All. Bei einem privat finanzierten Experiment unterzog sich eine Gruppe der besten weiblichen Pilotinnen denselben medizinischen Tests wie die männlichen NASA-Astronauten. Ihnen wurde bei den extremen körperlichen Prüfungen zum Beispiel Wasser in die Ohren gespritzt und sie wurden in Isolationstanks gesperrt.

Obwohl 13 die Tests bestanden, konnten sie ihren Traum nicht weiterverfolgen, weil Astronauten Düsenjets fliegen können mussten, und das durften damals nur Männer. Die Frauen kämpften für die Fortsetzung der Tests, aber sie hatten kein Glück. Unter ihnen war Irene Leverton, eine berühmte Fliegerin, die schon seit ihrer Kindheit Kampfflugzeuge fliegen wollte.

Immerhin verwirklichte Eileen Collins 1995 ihren Traum. Sie war als erste US-Amerikanerin Pilotin eines Raumfahrzeugs. Die Raketen-Frauen konnten ihre Ziele zwar selbst nicht erreichen, aber sie bereiteten den Weg für zukünftige Astronautinnen.

Geraldyn „Jerrie" Cobb
Jerrie Cobb steht hier neben der *Mercury*-Kapsel. Sie war die erste Frau, die alle Tests absolviert hatte.

Die Tests
Einige der Frauen bei den Tests. Links sitzt Sarah Gorelick, die schon fliegen konnte, bevor sie den Autoführerschein hatte!

Wer waren sie?

Rhea Hurrle

Myrtle „Kay" Cagle

Geraldyn „Jerrie" Cobb

Shuttle-Start
Eileen Collins lud die Frauen ein, am 3. Februar 1995 bei ihrem Start ins All zuzusehen.

Janet Dietrich

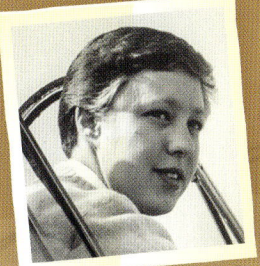
Marion Dietrich

Mary „Wally" Funk

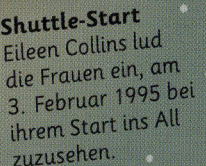
Jane „Janey" Hart

Jean Hixson

Sarah Gorelick

Geraldine „Jerri" Sloan

Bernice Steadman

Gene Nora Stumbough

Interview mit Sarah Ratley (geborene Gorelick)

Wie viel Erfahrung hatten Sie schon mit dem Fliegen?
Ich begann schon während der Highschool mit dem Fliegen und arbeitete auch nach dem College als Pilotin, während ich eine Vollzeit-Anstellung als Ingenieurin hatte.

Warum nahmen Sie an den Tests teil?
Ich war damals eine sehr aktive Pilotin und daher wurde mein Name bei Dr. Lovelace eingereicht, der für die Auswahl der Pilotinnen zuständig war.

Wie schwer war es?
Die Tests bedeuteten eine umfassende körperliche und geistige Überprüfung, aber ich war entschlossen, alles zu bestehen.

Was geschah danach?
Ich machte weiter aktiven Flugdienst und hoffte, dass das Programm fortgesetzt werden würde.

Was erhoffen Sie sich in Zukunft vom Weltraumprogramm?
Das Programm hat viele Erfindungen und Entdeckungen hervorgebracht, die im Alltag sehr nützlich sind. Durch weitere Forschungen wird sich unsere Lebensqualität noch mehr verbessern.

Das Weltraumzeitalter

Der Beginn des Wettlaufs ins All war eine aufregende Zeit. Die Menschen träumten nicht mehr nur vom Weltraum, sie stellten sich eine Zukunft dort vor. Der Weltraum beeinflusste den Alltag immer stärker, von der Kleidung über die Nahrung bis hin zum Spielzeug für die Kinder.

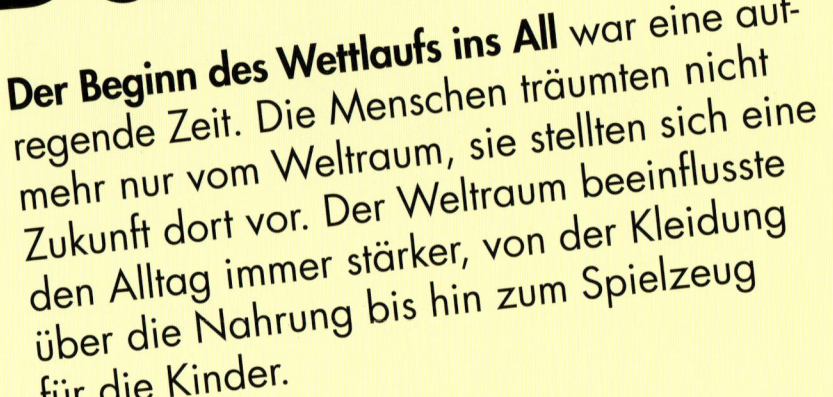

Spielzeugrakete
Plötzlich wünschte sich jedes Kind eine solche Rakete!

Technologie
Technische Haushaltsgeräte erhielten ein futuristisches Design. Fernseher waren nicht mehr einfach rechteckig, sondern wurden oval gestaltet.

Getränkepulver Tang
Astronauten tranken Tang im All, weil es sich ganz leicht aus Pulver zubereiten ließ. Man musste nur Wasser zugeben! Da die Leute dasselbe trinken wollten wie ihre Astronauten, wurde das Getränk auf der Erde sehr beliebt.

Möbel
Der dänische Designer Verner Panton schuf 1965 diesen Stuhl. Er hat eine sanfte Linienführung und weiche Farben, wie man sie bei zahlreichen Möbeln aus dem Weltraumzeitalter sieht.

Fernsehshows
Die Zeichentrickserie „Die Jetsons" stellte das Leben in der Zukunft dar. Es gab fliegende Autos, Roboter-Helfer und Camping-Fahrten zum Mond.

Ticket ins All
Die Menschen waren so erpicht auf Reisen ins All, dass die US-Fluggesellschaft Pan Am Tickets für Flüge zum Mond ausstellte.

Weltausstellung

Die Weltausstellung 1964 in New York City (USA) hatte eine Zukunft zum Thema, in der die Weltraum-Technologie das Leben aller Menschen auf der Erde verbessern würde.

Science-Fiction-Filme

Auch Filme wurden vom Wettlauf ins All angeregt. Sie erzählten z. B. von Besuchen auf anderen Planeten des Sonnensystems.

Spielzeugroboter

Kinder stellten sich eine Zukunft vor, in der Roboter dabei helfen würden, den Weltraum zu erforschen.

Mode

Modedesigner ließen sich vom Wettlauf ins All inspirieren. Sie schufen Outfits, die so aussahen, als würden sie zu einem Leben im Weltall passen.

Training für den Mond

Bei geringerer Schwerkraft gehen

Auf der Erde hält uns die Schwerkraft fest am Boden, aber auf dem Mond ist sie viel geringer. Die NASA hatte einen Simulator mit verringerter Schwerkraft, in dem die Astronauten erleben konnten, wie es sich anfühlt, auf dem Mond zu gehen.

Geologiekurse

Die Mondfahrer mussten über Geologie Bescheid wissen. Nur so würden sie die besten Proben aus Boden und Gestein finden und entnehmen können. Sie sollten die Proben mitbringen, damit Wissenschaftler sie auf der Erde genauer untersuchen konnten.

Tragödien überwinden

Am 27. Januar 1967 ereignete sich eine Katastrophe. Bei einem Brand an der Startrampe starben Virgil Grissom, Edward White und Roger Chaffee — die Besatzung der *Apollo 1*. Erst 18 Monate später konnte die NASA wieder Menschen erfolgreich ins All schicken. Die Lektionen von *Apollo 1* halfen der NASA, weitere Todesfälle auf *Apollo*-Missionen zu verhindern.

Unterwasser-Training

Astronauten müssen schwimmen können. Erstens kann es passieren, dass die Kapsel im Wasser landet, und zweitens können Astronauten unter Wasser das Verhalten bei Weltraumspaziergängen üben. Hier siehst du, wie der Astronaut Thomas Kenneth „Ken" Mattingly lernt, aus dem Raumfahrzeug auszusteigen.

LLRV

Das LLRV (Lunar Landing Research Vehicle, „Testfahrzeug für die Mondlandung") sah aus wie ein vierbeiniges, fliegendes Bettgestell. Es war extrem schwer zu fliegen und wurde verwendet, um den Landeanflug und die Landung auf der Mondoberfläche zu trainieren.

Geräte

Bei der Arbeit auf dem Mond mussten die Astronauten mit verschiedenen Geräten umgehen können. Daher lernten sie vor dem Abflug den Umgang mit Bohrern, Hämmern und Schaufeln. In den klobigen Raumanzügen war das gar nicht so leicht!

EVA-Training

Das Training des EVA (Extra Vehicular Activity, „Außenbord-Einsatz") auf dem Mond ahmte die Arbeit auf der Mond-oberfläche nach. Astronauten übten im Raumanzug, wie sie Proben sammeln und Experimente durchführen konnten.

Project LOLA

Das „Project LOLA" (Lunar Orbit and Landing Approach, „Mondumkreisung und Landeanflug") simulierte den Anflug aus dem All zum Mond. Die Astronauten bewegten sich beim Training auf einem Gleis an einem riesigen, handbemalten Modell der Mondoberfläche vorbei.

Wasserlandung

Das *Apollo*-Kommandomodul sollte nach der Rückkehr vom Mond im Wasser landen. Die Astronauten mussten lernen, wie sie sicher herausklettern konnten. Auf diesem Foto sieht man sie bei Übungen im Schwimmbecken.

Mega-Rakete

Für einen Flug zum Mond brauchte man eine gigantische Rakete. Die US-Amerikaner bauten die *Saturn V* – eine sehr leistungsstarke Trägerrakete. Sie war damals die stärkste je gebaute Rakete, und sie trug die Astronauten nicht nur in die Erdumlaufbahn, sondern den ganzen Weg bis zum Mond.

Ein Gigant

Die riesige *Saturn-V-*Rakete war 111 m hoch. Das ist höher als die Freiheitsstatue in New York, zusammen mit dem Sockel, auf dem sie steht.

Saturn V

Freiheits-statue

Saturn V

Die Rakete bestand aus drei Teilen, den sogenannten Stufen. Alle Stufen waren mit Treibstoff gefüllt und brannten der Reihe nach ab. Sobald eine Stufe ihren Treibstoff verbraucht hatte, trennte sie sich von der Rakete. Die erste Stufe hob die Rakete vom Boden ab, die zweite trug sie bis fast in die Erdumlaufbahn und die dritte brachte sie in die Erdumlaufbahn und darüber hinaus bis zum Mond.

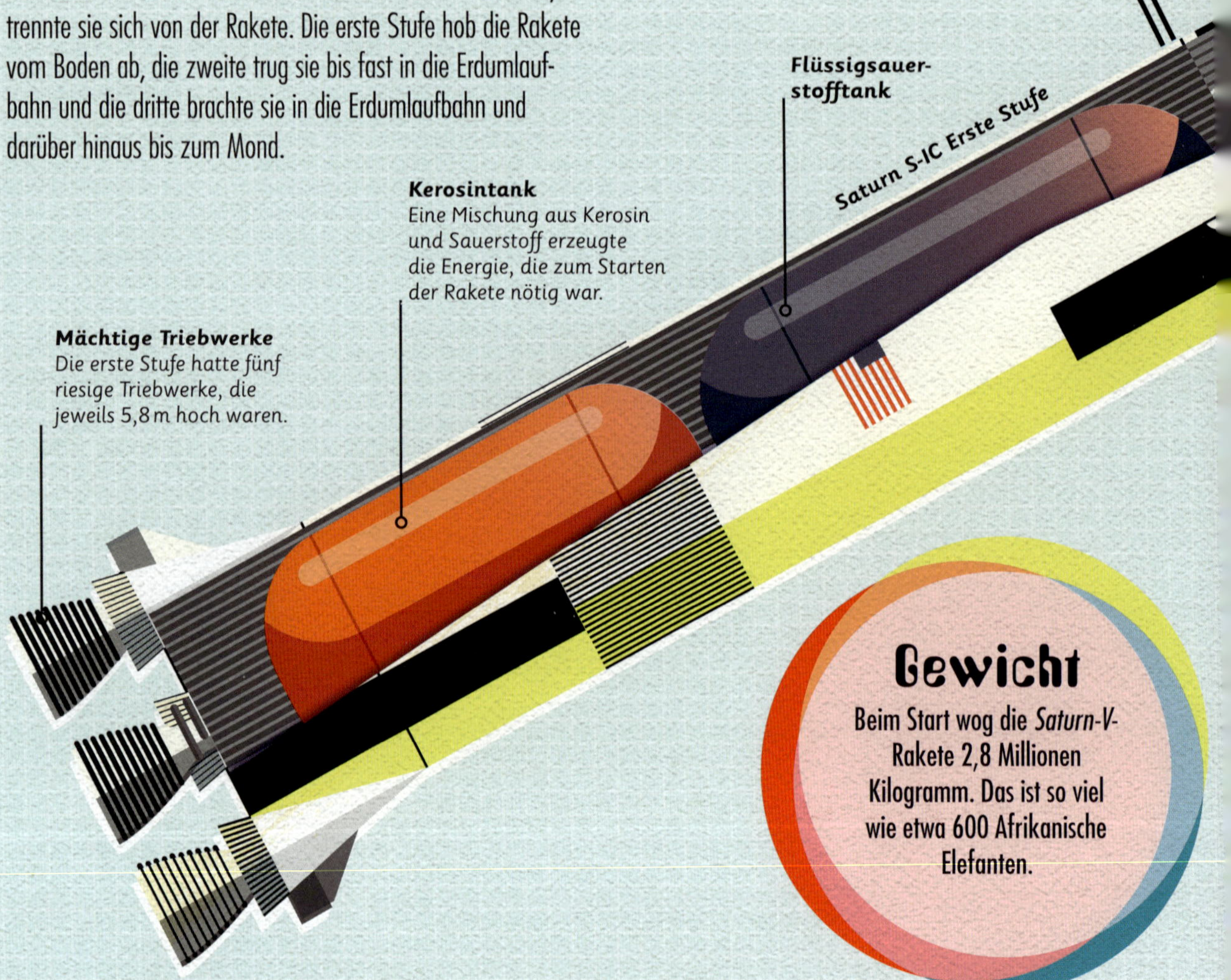

Fünf Triebwerke

Flüssigsauer-stofftank

Saturn S-IC Erste Stufe

Kerosintank
Eine Mischung aus Kerosin und Sauerstoff erzeugte die Energie, die zum Starten der Rakete nötig war.

Mächtige Triebwerke
Die erste Stufe hatte fünf riesige Triebwerke, die jeweils 5,8 m hoch waren.

Gewicht

Beim Start wog die *Saturn-V-*Rakete 2,8 Millionen Kilogramm. Das ist so viel wie etwa 600 Afrikanische Elefanten.

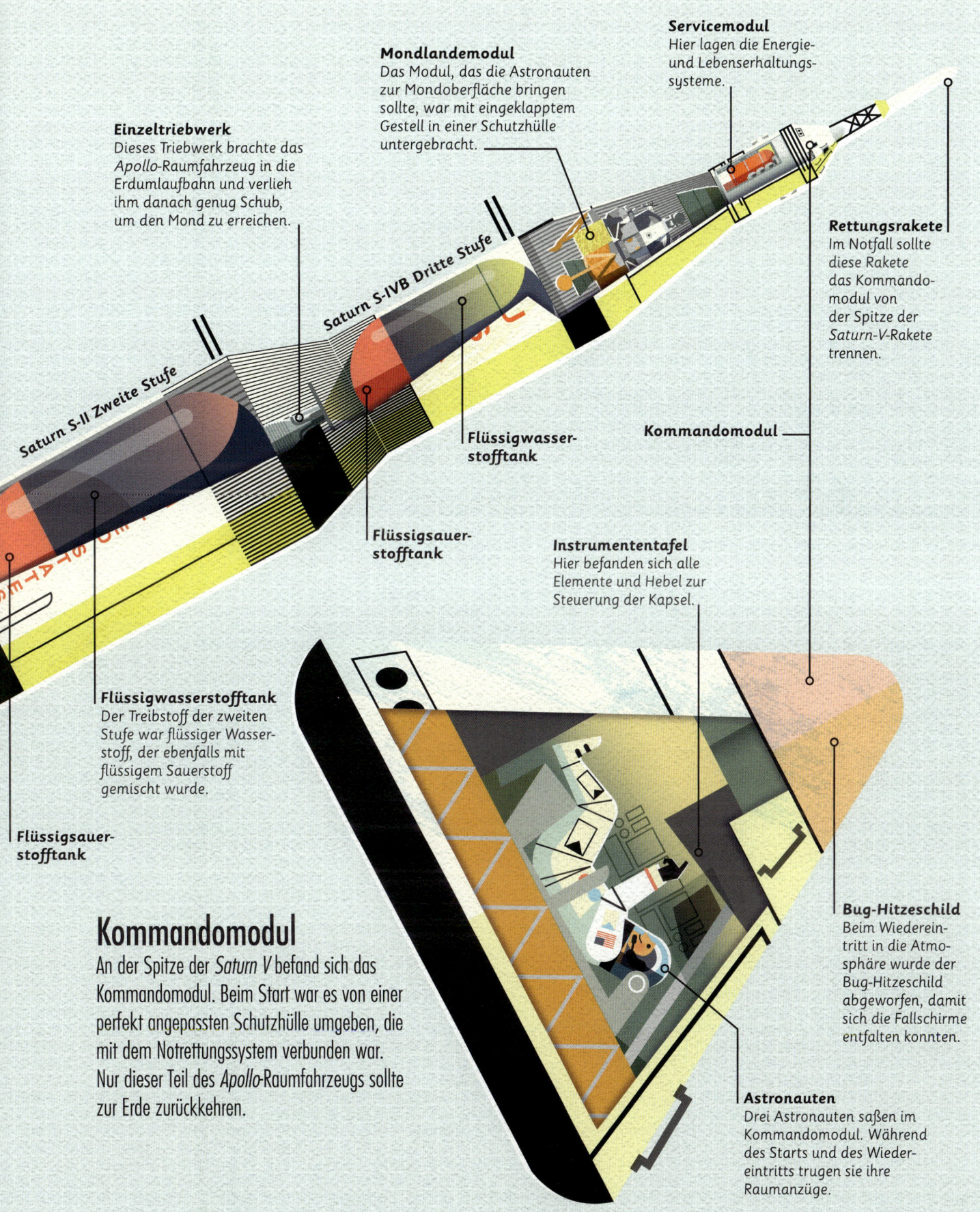

Einzeltriebwerk
Dieses Triebwerk brachte das
Apollo-Raumfahrzeug in die
Erdumlaufbahn und verlieh
ihm danach genug Schub,
um den Mond zu erreichen.

Mondlandemodul
Das Modul, das die Astronauten
zur Mondoberfläche bringen
sollte, war mit eingeklapptem
Gestell in einer Schutzhülle
untergebracht.

Servicemodul
Hier lagen die Energie-
und Lebenserhaltungs-
systeme.

Rettungsrakete
Im Notfall sollte
diese Rakete
das Kommando-
modul von
der Spitze der
Saturn-V-Rakete
trennen.

Saturn S-IVB Dritte Stufe

Saturn S-II Zweite Stufe

Kommandomodul

**Flüssigwasser-
stofftank**

**Flüssigsauer-
stofftank**

Instrumententafel
Hier befanden sich alle
Elemente und Hebel zur
Steuerung der Kapsel.

Flüssigwasserstofftank
Der Treibstoff der zweiten
Stufe war flüssiger Wasserstoff, der ebenfalls mit
flüssigem Sauerstoff
gemischt wurde.

**Flüssigsauer-
stofftank**

Kommandomodul

An der Spitze der *Saturn V* befand sich das
Kommandomodul. Beim Start war es von einer
perfekt angepassten Schutzhülle umgeben, die
mit dem Notrettungssystem verbunden war.
Nur dieser Teil des *Apollo*-Raumfahrzeugs sollte
zur Erde zurückkehren.

Bug-Hitzeschild
Beim Wiederein-
tritt in die Atmo-
sphäre wurde der
Bug-Hitzeschild
abgeworfen, damit
sich die Fallschirme
entfalten konnten.

Astronauten
Drei Astronauten saßen im
Kommandomodul. Während
des Starts und des Wieder-
eintritts trugen sie ihre
Raumanzüge.

Kriechende Riesen

Der „Crawler" ist ein Fahrzeug mit einer wichtigen Aufgabe: Er transportiert Raketen sicher
vom Raumfahrzeugmontage-Gebäude
(Vehicle Assembly Building, VAB) zur Startrampe. Die Höchstgeschwindigkeit beträgt
1,5 km/h. Es ist der letzte Weg, den eine Rakete
zurücklegt, bevor sie ins Weltall geschossen wird.

Die NASA besitzt zwei Crawler, die beide für den Transport
der *Saturn-V*-Rakete gebaut wurden. Seit Ende des *Apollo*-
Programms wurden sie jedoch für viele andere Raumschiffe benutzt.
Der Name „Crawler" leitet sich vom englischen Wort für „kriechen" ab.

Crawler sind nicht nur langsam, sondern auch riesengroß. Jeder Crawler ist
34 Meter breit, und selbst ohne eine Rakete als Ladung wiegen sie beinahe
2700 Tonnen. Sie sind wahrhaftig riesige Fahrzeuge mit Zeitlupentempo.

Der Crawler

Der Crawler wird von einem Team von knapp 30 Fahrern, Ingenieuren und Technikern bedient, die ihn sehr langsam vorwärts bewegen. In der vorderen Kabine sitzt der Fahrer. Hier auf dem Foto siehst du, dass Menschen auf dem Crawler stehen – das zeigt, wie groß er tatsächlich ist. Diese Größe ist nötig, denn er muss schließlich so groß und stark sein, dass er Weltraumraketen transportieren kann!

Blaue Murmel
Vom Mond betrachtet,
sieht die Erde aus wie
eine blaue Murmel
im All.

Um den Mond

Apollo 8
Die Besatzung von *Apollo 8*
kreiste 20 Stunden lang um den
Mond. Sie waren die Ersten, die
ihn aus der Nähe sahen.

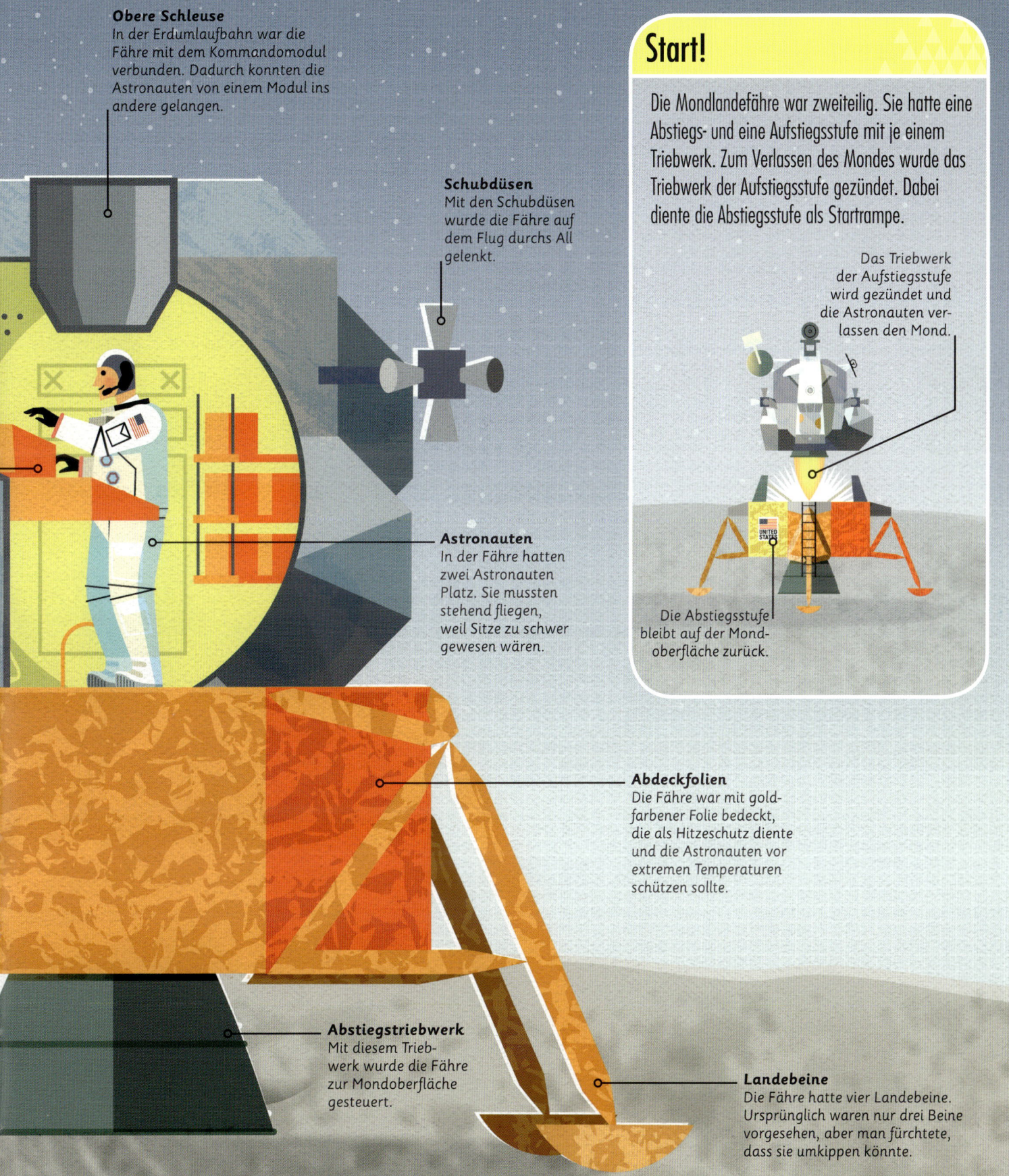

Obere Schleuse
In der Erdumlaufbahn war die Fähre mit dem Kommandomodul verbunden. Dadurch konnten die Astronauten von einem Modul ins andere gelangen.

Schubdüsen
Mit den Schubdüsen wurde die Fähre auf dem Flug durchs All gelenkt.

Start!

Die Mondlandefähre war zweiteilig. Sie hatte eine Abstiegs- und eine Aufstiegsstufe mit je einem Triebwerk. Zum Verlassen des Mondes wurde das Triebwerk der Aufstiegsstufe gezündet. Dabei diente die Abstiegsstufe als Startrampe.

Das Triebwerk der Aufstiegsstufe wird gezündet und die Astronauten verlassen den Mond.

Die Abstiegsstufe bleibt auf der Mondoberfläche zurück.

Astronauten
In der Fähre hatten zwei Astronauten Platz. Sie mussten stehend fliegen, weil Sitze zu schwer gewesen wären.

Abdeckfolien
Die Fähre war mit goldfarbener Folie bedeckt, die als Hitzeschutz diente und die Astronauten vor extremen Temperaturen schützen sollte.

Abstiegstriebwerk
Mit diesem Triebwerk wurde die Fähre zur Mondoberfläche gesteuert.

Landebeine
Die Fähre hatte vier Landebeine. Ursprünglich waren nur drei Beine vorgesehen, aber man fürchtete, dass sie umkippen könnte.

Mondanzug

Auf dem Mond gibt es keine Atemluft und keinen Schutz vor den extremen Temperaturen und der schädlichen Sonnenstrahlung. Die Astronauten müssen daher zu ihrem Schutz einen Raumanzug tragen, mit dem sie sich gefahrlos auf der Mondoberfläche bewegen können.

Apollo-Raumanzug

Unter dem *Apollo*-Raumanzug trugen die Astronauten noch mehrere Schichten schützender Kleidung. Sie legten ihn nicht nur für den Abstieg zum Mond an, sondern auch während des Starts ins All und bei der Rückkehr zur Erde. Für den Aufenthalt auf dem Mond wurde der Anzug zusätzlich mit einem tragbaren Lebenserhaltungssystem, schützenden Stiefeln und Handschuhen sowie einem Helm mit Visier ausgestattet.

Fernsteuerung

Sie diente den Astronauten zur Kommunikation. Außerdem lieferte sie Informationen über den Zustand des Anzugs und konnte auch als Kamerastütze verwendet werden.

Weiße Außenschicht

Die äußerste Schicht war sehr stark und reißfest. Sie schützte die Astronauten sogar vor kleinen Meteoriten.

Helm und Visier

Die Astronauten trugen einen durchsichtigen, kugelförmigen Helm mit einem Visier über der oberen Hälfte. Das Visier war sozusagen eine riesige Sonnenbrille, die die Augen vor der schädlichen Strahlung der Sonne schützte.

Lebenserhaltungssystem (Portable Life Support System, PLSS)

Das PLSS – auch „Rucksack" genannt – enthielt alles, was die Astronauten zum Leben brauchten, wie z. B. Sauerstoff zum Atmen. Zudem lieferte es Strom für das Kommunikationssystem.

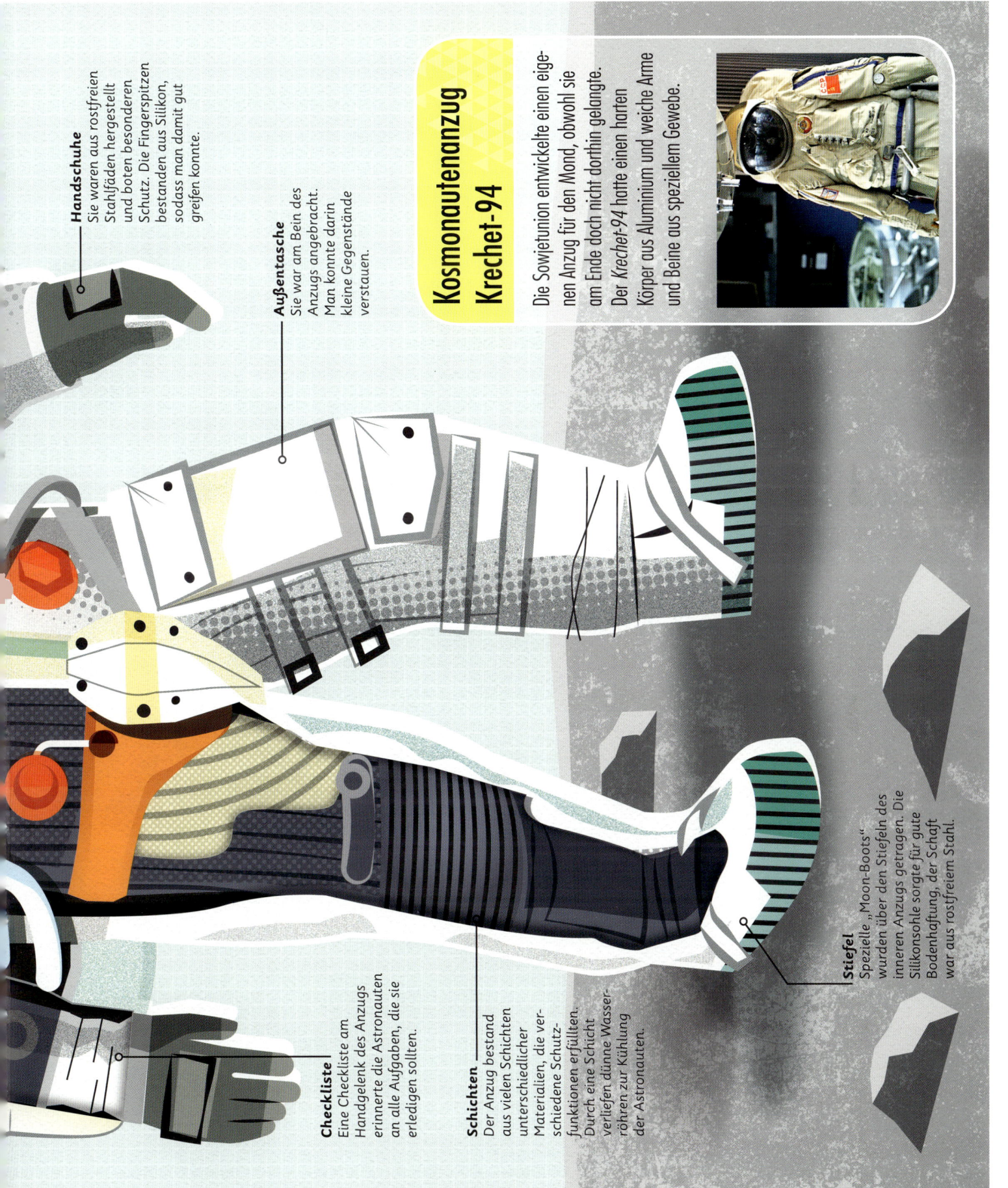

Handschuhe
Sie waren aus rostfreien Stahlfäden hergestellt und boten besonderen Schutz. Die Fingerspitzen bestanden aus Silikon, sodass man damit gut greifen konnte.

Außentasche
Sie war am Bein des Anzugs angebracht. Man konnte darin kleine Gegenstände verstauen.

Kosmonautenanzug Krechet-94

Die Sowjetunion entwickelte einen eigenen Anzug für den Mond, obwohl sie am Ende doch nicht dorthin gelangte. Der *Krechet-94* hatte einen harten Körper aus Aluminium und weiche Arme und Beine aus speziellem Gewebe.

Checkliste
Eine Checkliste am Handgelenk des Anzugs erinnerte die Astronauten an alle Aufgaben, die sie erledigen sollten.

Schichten
Der Anzug bestand aus vielen Schichten unterschiedlicher Materialien, die verschiedene Schutzfunktionen erfüllten. Durch eine Schicht verliefen dünne Wasserröhren zur Kühlung der Astronauten.

Stiefel
Spezielle „Moon-Boots" wurden über den Stiefeln des inneren Anzugs getragen. Die Silikonsohle sorgte für gute Bodenhaftung, der Schaft war aus rostfreiem Stahl.

Apollo 11

Michael Collins

Er war ein hervorragender Pilot und Ingenieur und hatte als Astronaut bereits zweimal einen Weltraumspaziergang unternommen. Bei *Apollo 11* war er der Pilot des Kommandomoduls. Das bedeutete, dass er alleine den Mond umkreisen würde.

Neil Armstrong

Er war der Kommandant von *Apollo 11* und einer der großartigsten Piloten, die je gelebt haben. Er konnte schon fliegen, bevor er den Führerschein hatte, behielt auch in gefährlichen Situationen immer einen klaren Kopf und war dem Tod schon mehrmals ganz knapp entronnen.

Mondlandefähre

Auf dem Weg zur Mondoberfläche flogen die Astronauten ein spezielles Raumfahrzeug, die Mondlandefähre – das Lunar Module (LM). Sie war extrem leicht und wurde in der Spitze der *Saturn-V*-Rakete ins All getragen.

Radar
Mit der Radarantenne wurde beim Andocken an das *Apollo*-Raumfahrzeug der Abstand gemessen.

Apollo 9

Der erste Flug der Mondlandefähre führte sie um die Erde. Sie wurde im März 1969 von der Besatzung der *Apollo 9* getestet. Auf dem Foto scheint sie auf dem Kopf zu stehen, aber das tut sie nicht, denn im Weltraum gibt es kein Unten und Oben! Die Besatzung nannte die Fähre *Spider* („Spinne").

Instrumente
Das Steuerpult befand sich in der Fähre, wo die Astronauten aus kleinen Fenstern schauen und so den Landeplatz besser sehen konnten.

Vordere Schleuse
Nach der Landung krabbelten die beiden Astronauten durch diese Schleuse aus der Landefähre.

Blick vom Kommandomodul auf die Mondlandefähre

Leiter
Die Astronauten kletterten über eine Leiter auf die Mondoberfläche hinunter.

Fußstützen
Berührungssensoren an den Füßen meldeten nach der Landung, dass es Zeit war, das Triebwerk abzuschalten.

NASA

Melba Roy Mouton

Sie war stellvertretende Leiterin der Forschungsprogramme im Bereich Flugbahnen und Geodynamik der NASA und führte die „menschlichen Computer". Sie hatte einen Master-Abschluss in Mathematik und erhielt später viele Auszeichnungen für ihre besonderen Leistungen für das Apollo-Programm.

NASA

Billie Robertson

Sie entwickelte Handbücher für die Computermodelle der Starts des Apollo-Programms. Sie begann ihr Berufsleben als Mathematikerin mit der Arbeit an Raketentriebwerken. Zudem war sie Mitglied des Teams um Wernher von Braun und entwickelte dort Steuersoftware für die Starts.

NASA

Annie Easley

Die Informatikerin begann ihr Berufsleben als „menschlicher Computer" und wurde später Programmiererin. Sie entwickelte und erforschte Codes zur Unterstützung zahlreicher NASA-Programme. Zudem erwarb sie während ihrer Vollzeit-Tätigkeit noch einen Abschluss als Mathematikerin.

Computer ein. Andere Frauen halfen bei der Entwicklung von Computerprogrammen, die später auch in moderne Programme einflossen.

Diese Vorreiterinnen mussten hart daran arbeiten, um ihre Träume zu verwirklichen. Sie wollten ihre Ideen in die Weltraum-Industrie einbringen. Ihre Beiträge waren nicht nur entscheidend für den Erfolg der USA

beim Wettlauf ins All, sondern auch für alle folgenden Missionen.

Sie hatten nie vor, als Vorbilder zu wirken, aber ihre Entschlossenheit, das Wissen vom Weltraum zu erweitern – entgegen der damaligen Vorurteile – machte sie dazu. Sie waren zwar nie so berühmt wie die Astronauten, aber diese Gruppe und viele andere Frauen waren Heldinnen der Raumfahrt.

Wegbereiterinnen

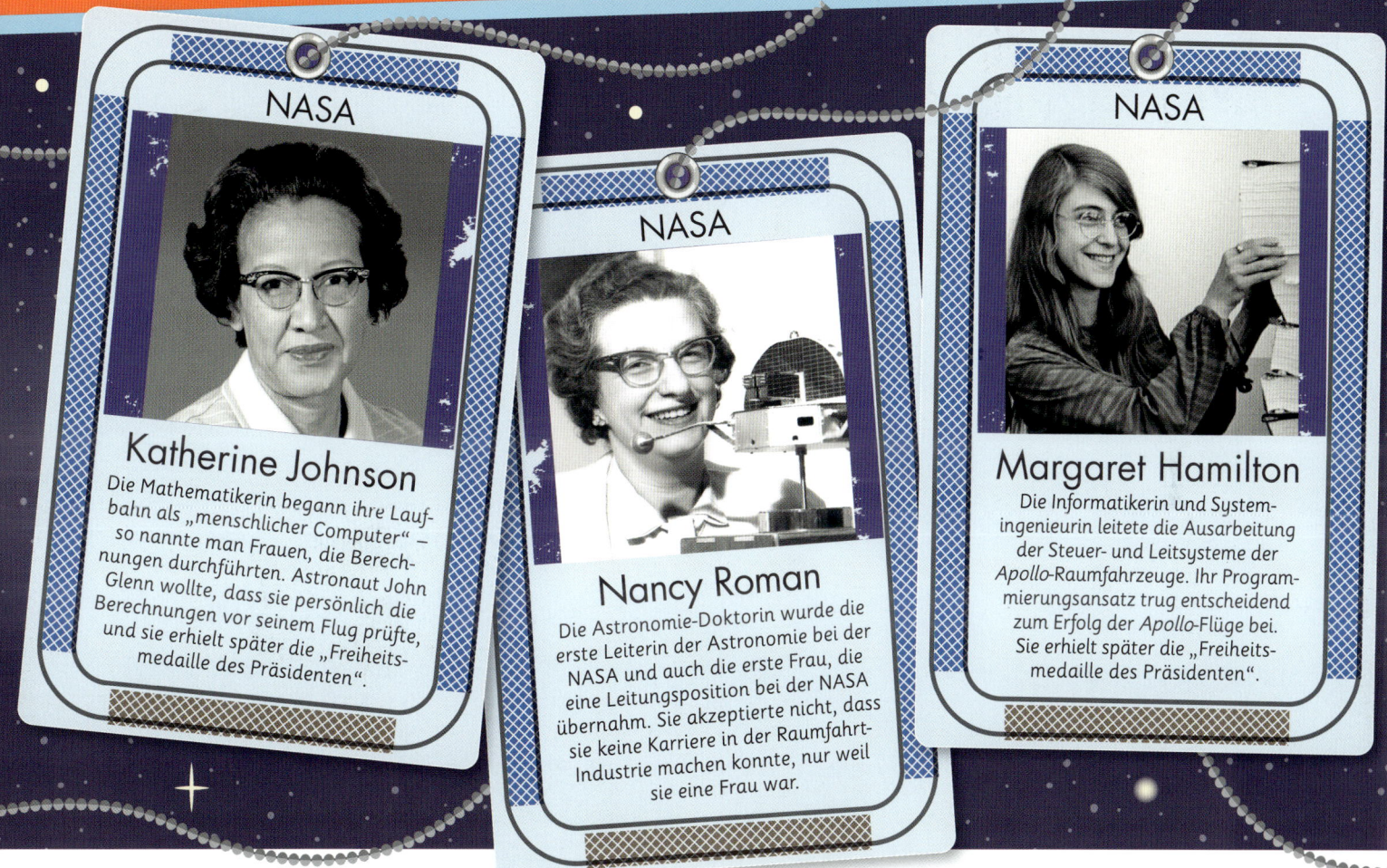

NASA

Katherine Johnson
Die Mathematikerin begann ihre Laufbahn als „menschlicher Computer" – so nannte man Frauen, die Berechnungen durchführten. Astronaut John Glenn wollte, dass sie persönlich die Berechnungen vor seinem Flug prüfte, und sie erhielt später die „Freiheitsmedaille des Präsidenten".

NASA

Nancy Roman
Die Astronomie-Doktorin wurde die erste Leiterin der Astronomie bei der NASA und auch die erste Frau, die eine Leitungsposition bei der NASA übernahm. Sie akzeptierte nicht, dass sie keine Karriere in der Raumfahrt-Industrie machen konnte, nur weil sie eine Frau war.

NASA

Margaret Hamilton
Die Informatikerin und Systemingenieurin leitete die Ausarbeitung der Steuer- und Leitsysteme der *Apollo*-Raumfahrzeuge. Ihr Programmierungsansatz trug entscheidend zum Erfolg der *Apollo*-Flüge bei. Sie erhielt später die „Freiheitsmedaille des Präsidenten".

US-amerikanische Frauen waren zwar nicht als Astronautinnen zugelassen, doch das hielt sie nicht davon ab, wichtige Aufgaben für den Wettlauf ins All zu übernehmen.

In einer Zeit, in der Frauen in den Augen vieler heiraten und zu Hause bleiben sollten, arbeiteten manche als Mathematikerinnen, Ingenieurinnen und Wissenschaftlerinnen bei der

NASA. Einige wurden wegen ihrer Hautfarbe in der Gesellschaft ungerecht behandelt. Bei der NASA wurden ihre Fähigkeiten anerkannt.

Einige Frauen arbeiteten als „menschliche Computer". Sie lösten mathematische Probleme und führten komplizierte Berechnungen über das Flugverhalten der Raumfahrzeuge durch. Heutzutage setzt man dafür

Christopher Kraft
Dieser talentierte Ingenieur der NASA erfand das Konzept des Kontrollzentrums.

CAPCOM
Einige Astronauten arbeiten im Kontrollzentrum als CAPCOMs (Capsule Communicators) – sie halten die Funkverbindung mit den Astronauten im All aufrecht. Auf dem Foto ist der Apollo-16-Astronaut Charles Duke als CAPCOM zu sehen.

Flugdirektor
Die wichtigste Person im Kontrollzentrum ist der Flugdirektor („Flight Director"), der die aktuelle Mission leitet. Das Foto zeigt Eugene Kranz, der während der Mission von Apollo 11 Flugdirektor war.

Zuschauerbereich
Besondere Gäste konnten die Vorgänge hinter einer Glasscheibe mitverfolgen.

Wer ist wer?

1. Raketensystem-Ingenieur
2. Bremsraketen-Offizier
3. Flugdynamik-Offizier
4. Beratungs-Offizier
5. Flugarzt
6. CAPCOM
7. Systeme im Kommando-, Service- und Landemodul
8. Offizier für Operationen und Arbeitsabläufe
9. Flugdirektor
10. Offizier für Flugaktivitäten
11. Netzwerksteuerung
12. Offizier für Öffentlichkeitsarbeit
13. Direktor der Flugoperationen
14. Missionsdirektor vom NASA-Hauptquartier
15. Vertreter des Verteidigungsministeriums
16. Besondere Gäste

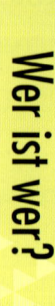

Stell dir vor, du wirst ausgewählt, um zum Mond zu fliegen. Genau dies geschah mit Neil Armstrong und Edwin „Buzz" Aldrin. Sie und Michael Collins waren die Besatzung der *Apollo 11* – der ersten Mission, die auf der Mondoberfläche landen sollte. Vor ihnen hatte sie noch nie ein Mensch betreten.

Missionsemblem von Apollo 11
Die Besatzung hatte den Aufnäher entworfen. Der Weißkopfseeadler ist der Wappenvogel der USA. Er hält einen Olivenzweig als Zeichen des Friedens.

Die NASA verfügte nun über alle Fähigkeiten, die für diese Mission erforderlich waren. Bei der Vorbereitungsmission *Apollo 10* war die Besatzung mit der Landefähre 15 Kilometer über die Mondoberfläche geflogen. Nun ruhten die Hoffnungen, Präsident Kennedys Versprechen einzulösen und die Sowjetunion zu besiegen, auf den Schultern dieser drei Astronauten.

Die Mission der *Apollo 11* barg viele Gefahren. Die Astronauten würden vielleicht nicht lebend zurückkehren. Einige Wissenschaftler fürchteten gar, der Staub auf der Mondoberfläche sei so tief, dass die Fähre einsinken würde. Die Besatzung übte daher Hunderte Stunden lang in Simulatoren, wo die Männer jede denkbare Situation durchspielten.

Edwin „Buzz" Aldrin

Er war der Pilot der Mondlandefähre und hatte ein unglaublich analytisches Gehirn. Sein Spitzname war „Dr. Rendezvous", weil er sich mit der Entwicklung von Methoden beschäftigt hatte, wie Raumfahrzeuge im All aneinander andocken können.

Anzug an!

Wenn du der erste Mensch auf dem Mond sein willst, musst du früh aufstehen! Am 16. Juli 1969 wurde die Besatzung von *Apollo 11* um 4:15 Uhr geweckt. An diesem Tag sollten sie ins Weltall starten.

Nach dem Frühstück wurden Elektroden an ihrem Körper befestigt. Diese sollten während der Mission Informationen über die Atmung und die Herzfrequenz der Astronauten liefern. Daraufhin halfen ihnen Techniker, den schweren Raumanzug anzulegen. Das dauerte etwas mehr als eine Stunde.

5:35 Uhr

Neil Armstrong, kurz bevor er seinen Helm aufsetzt.

4:45 Uhr

Die Besatzung isst Steak und Eier zum Frühstück. Bei ihnen ist auch der Leiter des Astronauten-Büros, Donald „Deke" Slayton (rechts).

6:48 Uhr Neil Armstrong geht voraus über die Gangway zum *Apollo*-Raumfahrzeug.

6:27 Uhr Auf dem Weg zum Astrovan winken die Astronauten dem NASA-Personal zum Abschied zu.

Als sie endlich richtig im Anzug steckten, mussten Armstrong, Collins und Aldrin ihren Luftvorrat in die Hand nehmen. Sie winkten dem NASA-Personal und den Reportern zum Abschied zu und stiegen in einen Kleinbus, den „Astrovan", der sie zur Startrampe brachte.

An der Startrampe angekommen, fuhren sie mit einem Aufzug nach oben und überquerten eine Gangway. Dann halfen ihnen Techniker, ins Raumfahrzeug zu klettern. Hinter ihnen schloss sich die Luke mit einem Knall – der Countdown für den Flug zum Mond hatte begonnen.

Die Rakete hebt ab!

Mehr als 2 Stunden, nachdem die Astronauten an Bord der *Saturn V* gegangen waren, beendeten die Start-Teams die letzten Checks. Die Rakete erwachte zum Leben und der letzte Countdown begann: „10, 9 – Zündsequenz startet – 6, 5, 4, 3, 2, 1, 0. Alle Triebwerke laufen. Start.

Wir heben ab." Die Rakete erhob sich donnernd in den Himmel. Der Lärm drang bis zu den Zuschauern in über als 5 Kilometern Entfernung.

Es war bereits das vierte Mal, dass die *Saturn V* mit Menschen an Bord startete. Doch die Besatzung der

In der Angst, dass ihr die Sowjetunion zuvorkommen würde, schickte die NASA 1968 drei Astronauten auf eine Mondumkreisung. Die Mission hieß *Apollo 8*. Kommandant Frank Borman, William Anders und James Lovell sollten weiter ins All hinaus fliegen als je ein Mensch vor ihnen. Sie würden den Mond aus einer Höhe von nur 111 Kilometern sehen können.

Die Besatzung der *Apollo 8*: James Lovell, William Anders und Frank Borman (von links nach rechts)

Die Mission war äußerst riskant und alles musste perfekt funktionieren, damit sie gut ausging. Am Heiligen Abend 1968 erreichten die drei Astronauten den Mond. Als sie ihn umkreisten, sahen sie als erste Menschen seine Rückseite. Und als sie wieder auf die Vorderseite kamen, eröffnete sich ihnen der ehrfurchtgebietendste Anblick aller Zeiten: Sie sahen, wie die Erde am Mondhorizont „aufging".

Dieses Foto zeigt, wie sich die Erde über den Mondhorizont erhebt. Es wurde am 24. Dezember 1968 aufgenommen und trägt den Titel „Earthrise" („Erdaufgang").

3 Tage später kehrte die Besatzung erfolgreich zur Erde zurück. Ihre Mission sandte Schockwellen durch die Sowjetunion. Bis dahin hatte die Sowjetunion alles im Weltraum als Erste geschafft, aber nun hatten die USA die Führung übernommen.

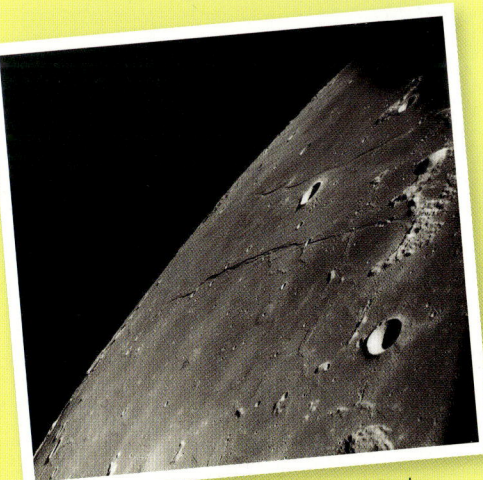

Auch dieses Foto der Mondoberfläche nahm die Besatzung von *Apollo 8* auf.

Kontrollzentrum

Hinter jeder Weltraummission steckt das Team des Kontrollzentrums.

Wenn bei der NASA eine Rakete gestartet ist, geht die Verantwortung für die Mission an das Mission Control Center in Houston (Texas, USA) über. In diesem Kontrollzentrum arbeiten lauter Spezialisten, die an allen Teilen der Mission beteiligt sind – von der Planung und Leitung der Starts bis hin zur Anleitung bei Weltraumspaziergängen und Experimenten im All. Sie werden vom „Backroom Staff" unterstützt, den „Leuten im Hinterzimmer", die im Fall von Problemen an Entscheidungen mitwirken.

Während des Wettlaufs ins All hatte die Sowjetunion ein eigenes Kontrollzentrum, aber die Einzelheiten wurden geheim gehalten.

Apollo 11 wollte zum ersten Mal in der Geschichte und noch vor der Sowjetunion die Oberfläche eines anderen Himmelskörpers betreten.

Tausende von Menschen waren nach Florida (USA) gekommen, um beim Start zuzusehen. So viele Fotografen schossen Bilder, dass das Klicken der Kameras den Lärm der Rakete übertönte. Die Saturn V stieg in den Himmel auf, während die Menschen ungläubig staunten. Im Start-Kontrollzentrum sah Wernher von Braun zu, wie die von ihm erschaffene Rakete ihre Reise zum Mond antrat.

Nachdem das Servicemodul vom Kommandomodul abgetrennt wurde, kehrt dieses mit den drei Astronauten zur Erde zurück.

Die *Saturn-V-Rakete* startet in den Weltraum.

Das Kommando- und Servicemodul namens *Columbia* wird von der Rakete und der Mondlandefähre abgetrennt. Es dreht sich und dockt wieder an die Mondlandefähre an.

Lift-off! – Start!
Am 16. Juli 1969 startet die *Saturn-V-Rakete* vom Startrampenkomplex 39 des Kennedy Space Centers in Florida (USA).

Blick aus der Umlaufbahn
Dieses Foto von der Erde wurde aufgenommen, als das Apollo-Raumfahrzeug sie umkreiste, bevor es zum Mond aufbrach.

Die *Apollo-11*-Mission sollte vom Start bis zur Wasserung genau 8 Tage dauern. Als Armstrong, Collins und Aldrin die Erdumlaufbahn verlassen hatten, hielten sie laufend Kontakt mit dem Team im Kontrollzentrum. Sie waren sogar im Fernsehen zu sehen und berichteten dort von ihrer Reise.

Ade, Erde!
Unterwegs blickten die Astronauten immer wieder durchs Fenster und sahen, wie die Erde immer kleiner wurde.

Mondlandefähre
Der Pilot des Kommandomoduls, Michael Collins, nahm dieses Foto von der Mondlandefähre auf.

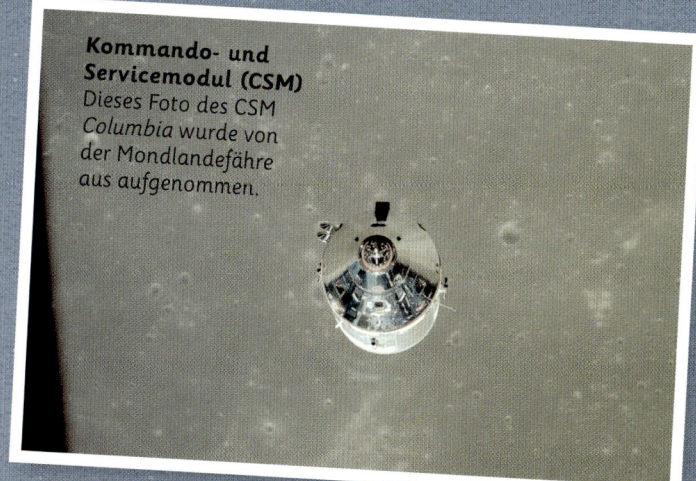

Kommando- und Servicemodul (CSM)
Dieses Foto des CSM *Columbia* wurde von der Mondlandefähre aus aufgenommen.

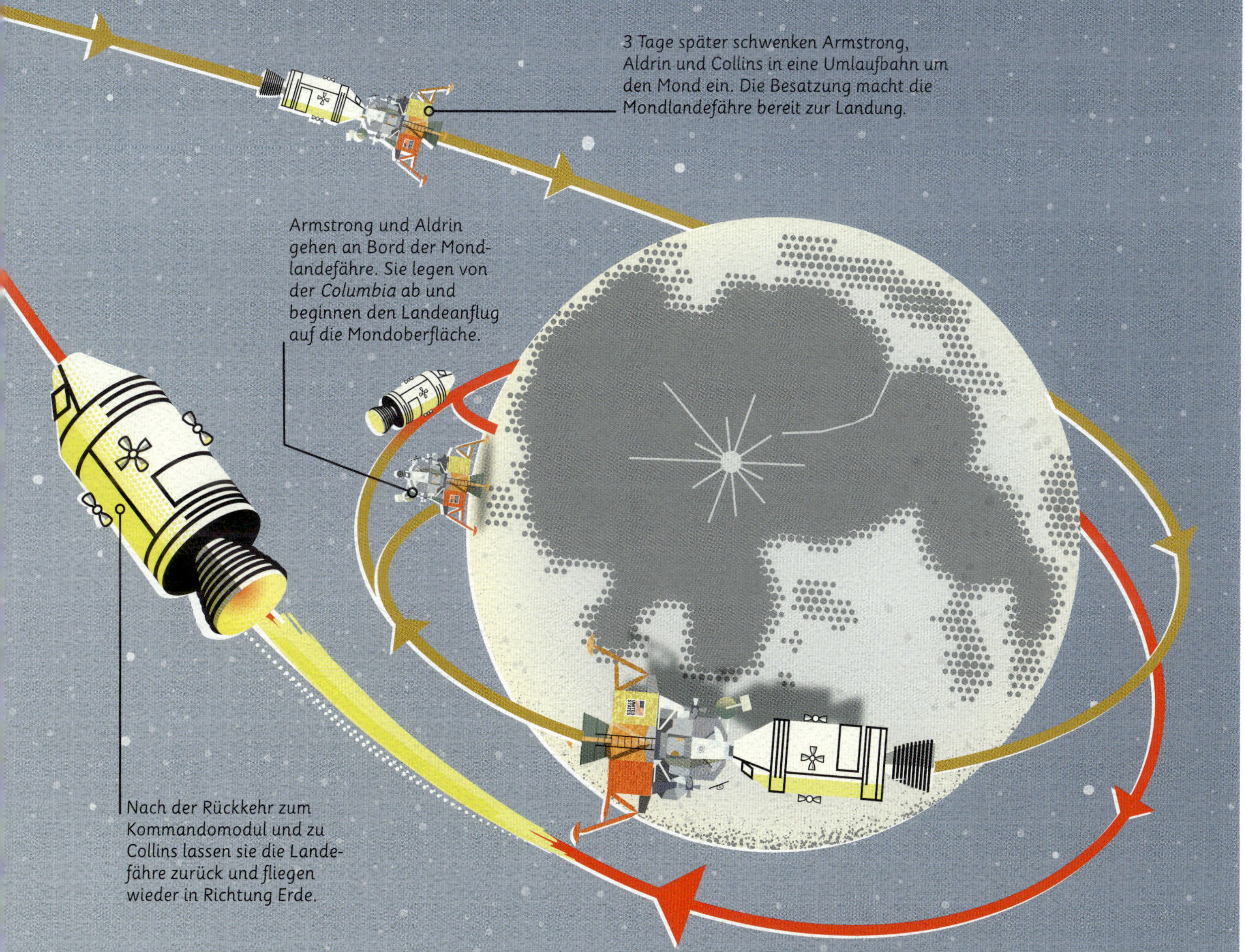

3 Tage später schwenken Armstrong, Aldrin und Collins in eine Umlaufbahn um den Mond ein. Die Besatzung macht die Mondlandefähre bereit zur Landung.

Armstrong und Aldrin gehen an Bord der Mondlandefähre. Sie legen von der *Columbia* ab und beginnen den Landeanflug auf die Mondoberfläche.

Nach der Rückkehr zum Kommandomodul und zu Collins lassen sie die Landefähre zurück und fliegen wieder in Richtung Erde.

Der Adler ist gelandet

Als sie in die Mondumlaufbahn eingetreten waren, verabschiedeten sich Armstrong und Aldrin von Collins und kletterten in die Landefähre, die den Namen *Eagle* („Adler") trug. Die Landung auf dem Mond barg jedoch einige Gefahren.

Beinahe wäre die Mission abgebrochen worden, weil nur wenige Minuten nach Einleitung der Landesequenz ein Alarmsignal ertönte. Doch das Team im Kontrollzentrum in Houston schaffte es, das Problem rasch zu lösen.

Beim Anflug auf die Mondoberfläche konzentrierte sich Aldrin auf die Instrumententafel und meldete wichtige Informationen, während Armstrong steuerte. Doch es gab noch ein Problem – sie flogen auf felsiges Gelände zu! Armstrong hielt nach einem neuen Landeplatz Ausschau.

Sie hatten nur noch für 30 Sekunden Treibstoff, als das Landetriebwerk den ersten Staub aufwirbelte. Die Landefähre *Eagle* näherte sich der Oberfläche und setzte auf. Armstrong funkte die berühmten Worte zur Erde: „Houston, hier Tranquility Base, der Adler ist gelandet." Es war am 20. Juli 1969.

1. Abkopplung
Die Mondlandefähre wird vom Kommandomodul abgetrennt.

2. Abstieg
Die Landefähre begibt sich auf den Weg zur Mondoberfläche.

3. Drehung
Armstrong und Aldrin bringen die Fähre in die richtige Position für die Landung.

4. Landung
Die Astronauten landen sicher im „Meer der Ruhe" (Mare Tranquillitatis).

Das Foto von der *Eagle* auf der Mondoberfläche stammt von Neil Armstrong. Aldrin klettert gerade die Leiter herunter.

USA

Unter den Zuschauern in den USA waren natürlich auch die Familien der Astronauten. Michael Collins' Frau Pat (ganz links) sitzt hier mit ihrer Tochter Ann im roten Bademantel.

Japan

Die Welt sieht zu

Großbritannien

In London versammelte sich eine Menschenmenge vor einem riesigen Bildschirm, den man auf dem Trafalgar Square aufgestellt hatte.

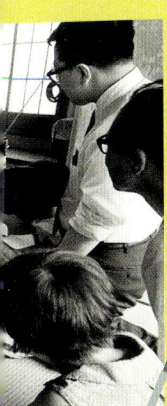

Diese Familie in Tokyo versammelt sich vor dem Fernseher und sieht zu, wie Aldrin und Armstrong und einen Gruß vom Mond senden.

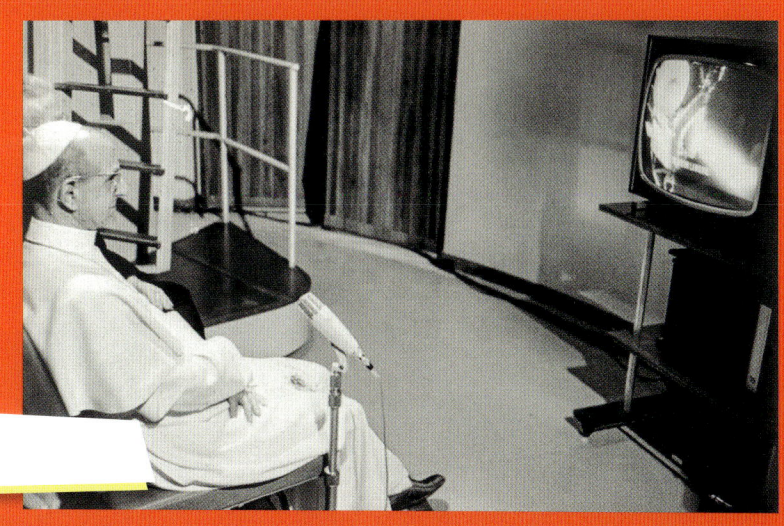

Papst Paul VI. verfolgt im Fernsehen die Berichterstattung von der Landung.

Italien

Mehr als 600 Millionen Menschen sahen zu, als Neil Armstrong die Leiter der Mondlandefähre hinabstieg und den Mond betrat. Dabei sprach er die berühmten Worte: „Dies ist ein kleiner Schritt für einen Menschen, aber ein gewaltiger Sprung für die Menschheit."

Die Journalisten, die darüber berichteten, verfolgten das Geschehen gebannt. Neil Armstrong, ein 38-jähriger US-Amerikaner, hatte soeben als erster Mensch den Mond betreten. Etwas, das sehr lange Zeit als unmöglich gegolten hatte, war nun tatsächlich eingetreten.

In Kuwait saßen Familien rund um den Fernseher, um die Bilder vom Mond zu sehen.

Kuwait

Australien

In Sydney, am Flughafen Mascot, hielten alle Menschen in ihren Tätigkeiten inne und beobachteten Armstrongs erste Schritte auf der Mondoberfläche.

Fußabdruck
Das Foto zeigt den Fußabdruck von Aldrin auf dem Mond. Es war eines der ersten Fotos von einem fremden Himmelskörper.

Amerikanische Flagge
Die Astronauten stellten eine Flagge der USA auf und ließen eine Plakette zurück, auf der steht: „Wir kamen in Frieden für die ganze Menschheit."

Experimente
Die Astronauten führten viele Experimente durch. Mit diesem untersuchten sie geladene Teilchen von der Sonne, den sogenannten Sonnenwind.

Auf dem Mond

Kurz nachdem Armstrong den Mond betreten hatte, folgte ihm Aldrin, der den Anblick, der sich ihm bot, als „überwältigende Ödnis" beschrieb. Die Landschaft war leer und grau, es gab keine Luft, der Himmel war schwarz. Die Astronauten waren die einzigen lebenden Wesen dort.

Da die Schwerkraft auf dem Mond viel geringer ist als auf der Erde, konnten die Astronauten trotz ihrer schweren Raumanzüge entspannt umherhüpfen. Sie sammelten Gesteinsproben für Wissenschaftler auf der Erde und führten Experimente durch. Sie sprachen sogar mit dem Präsidenten der USA, Richard Nixon, der ihnen gratulierte. Er sagte, dies sei das bedeutendste Telefongespräch, das je aus dem Weißen Haus geführt worden war.

Nach 2 Stunden und 31 Minuten war der Ausflug auf den Mond zu Ende. Armstrong und Aldrin kletterten wieder zurück in die Mondlandefähre. Nach einer kurzen Ruhepause bereiteten sie sich auf die Rückkehr zum Kommandomodul und zur Erde vor.

In der Fähre
Aldrin schoss dieses
Foto von Armstrong
in der Mondlandefähre
nach ihrem Aufenthalt
auf der Mond-
oberfläche.

Edwin „Buzz" Aldrin auf dem Mond
Dieses Foto wurde von Neil Armstrong
aufgenommen. Er spiegelt sich im Visier
von Aldrins Helm. Es gibt kaum Bilder
von Armstrong auf dem Mond, weil er die
Kamera meist selbst in der Hand hielt.

Auch die Rückkehr zur Erde war für die Astronauten der *Apollo 11* nicht ungefährlich. Ohne einen Filzstift wären Armstrong und Aldrin vielleicht nie mehr vom Mond weggekommen. Aldrin musste damit den Schalter betätigen, der das Triebwerk der Landefähre *Eagle* startete, weil der Griff aus Versehen abgebrochen war!

Wasserung!

Zurück bei Collins zündeten sie das Triebwerk des Kommando- und Servicemoduls *Columbia* und begannen die Rückreise zur Erde.

Das Kommandomodul kurz vor der Landung

Kurz vor dem Wiedereintritt in die Atmosphäre schnallten sich Armstrong, Aldrin und Collins fest in ihren Sitzen an.

Der Flug durch die Atmosphäre glich einem Ritt in einem Feuerball. Als das Kommandomodul rasend schnell durch die Atmosphäre schoss, presste es die Luft vor sich zusammen und heizte sie dadurch sehr stark auf. Das Modul und die darin sitzenden Astronauten waren aber durch einen Hitzeschild geschützt.

Etwa 3 Kilometer über dem Boden öffneten sich die Fallschirme. Sie bremsten das Kommandomodul ab, bevor es auf dem Wasser aufschlug. Platsch! Das Modul landete im Pazifik. Die Besatzung war wieder zu Hause.

In der Kontrollstation wurde gefeiert. Die USA hatten den Wettlauf zum Mond für sich entschieden.

Quarantäne

Nach der Rückkehr vom Mond mussten Armstrong, Aldrin und Collins 21 Tage isoliert in Quarantäne verbringen. Man befürchtete, dass sie tödliche Keime vom Mond mitgebracht haben könnten. Später wurde jedoch bestätigt, dass es auf dem Mond keinerlei Leben gibt. Es bestand nie Grund zur Sorge!

In der mobilen Quarantäne-Einrichtung

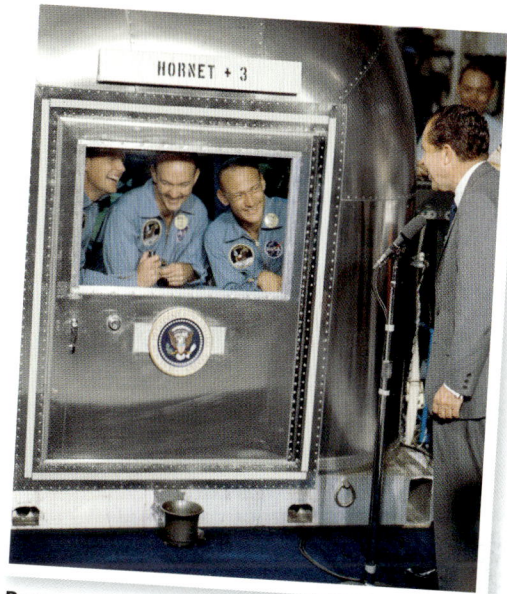

HORNET + 3

Begegnung mit US-Präsident Richard Nixon

Astronauten auf Tournee

Nach Apollo 11 galten die USA als führende Weltraumnation. Neil Armstrong, Edwin „Buzz" Aldrin und Michael Collins, die Astronauten der Apollo 11-Mission, wurden über Nacht weltberühmt. Jeder wollte sie unbedingt sehen.

Nachdem die USA als erste Nation erfolgreich Menschen zum Mond geschickt hatten, wollten sie ihr Wissen über die Raumfahrt mit anderen Ländern teilen.

Als die Astronauten die Quarantäne verlassen durften, reisten sie mit ihren Frauen Janet Armstrong, Joan Aldrin und Patricia Collins zuerst zu Paraden durch viele Städte der USA und dann rund um die Welt. Die Tour hieß offiziell „Giantstep-Apollo 11 Presidential Goodwill Tour" und die Gruppe besuchte 24 Länder in nur 45 Tagen.

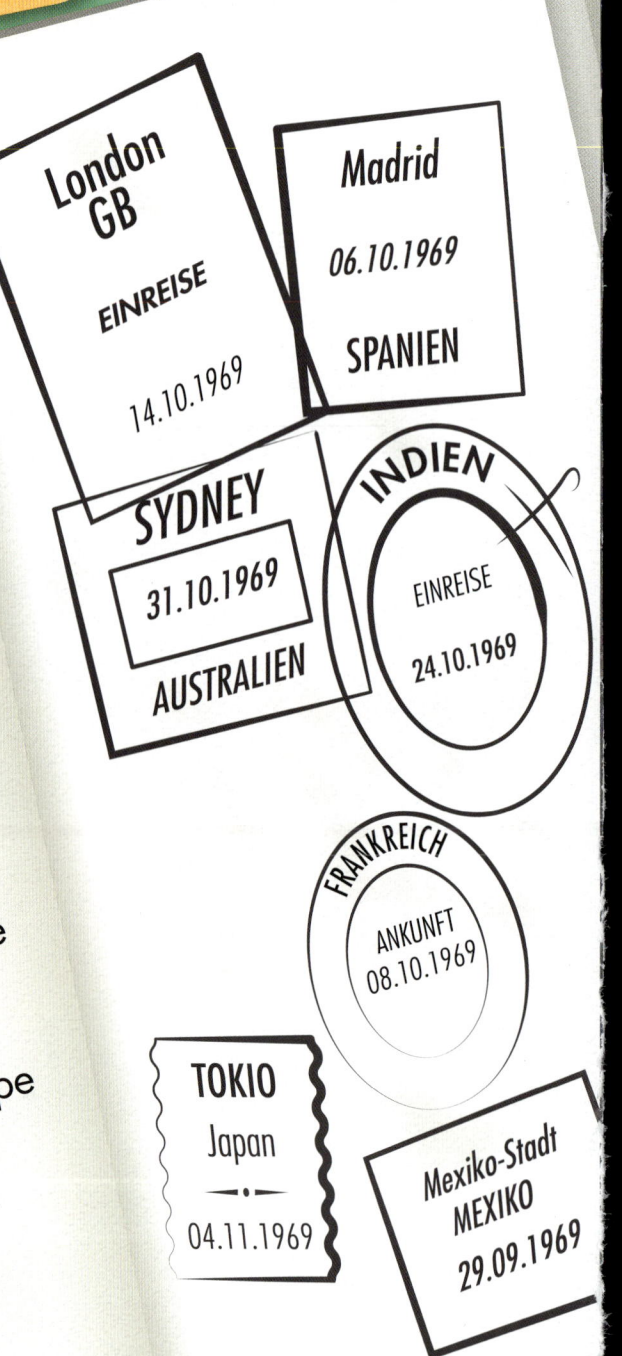

London GB
EINREISE
14.10.1969

Madrid
06.10.1969
SPANIEN

SYDNEY
31.10.1969
AUSTRALIEN

INDIEN
EINREISE
24.10.1969

FRANKREICH
ANKUNFT
08.10.1969

TOKIO
Japan
04.11.1969

Mexiko-Stadt
MEXIKO
29.09.1969

Mexiko Stadt (Mexiko)
Die Astronauten gingen in der riesigen Menschenmenge fast unter. Sie trugen Sombreros und Ponchos.

JFK
LHR
PA 0102
TRANSFER

Paris (Frankreich)
Hier erhielten die Astronauten Modelle der Mondlandefähre aus massivem Gold. Gestiftet hatten sie die Leser der Zeitung Le Figaro.

London (Großbritannien)
Im Buckingham Palast traf die Gruppe Königin Elisabeth II. und die gesamte Königsfamilie.

Tokio (Japan)
Bei einer Autoparade durch Tokio winkten die Astronauten der Menge zu. Sie waren gerade erst aus Südkorea eingetroffen.

Madrid (Spanien)
Im Königlichen Palast El Prado begegnete die Gruppe General Francisco Franco, der Spanien von 1939 bis 1975 regierte.

Sydney (Australien)
Nach einem Willkommensempfang im Hyde Park in Sydney hielten die Astronauten Vorträge über ihren Flug zum Mond.

Bombay (Indien)
Armstrong, Aldrin und Collins führten eine Parade durch die Stadt an, die heute Mumbai heißt.

REISE

Erfolg im Fehlschlag

Für James Lovell (links) war die neue Mission *Apollo 13* etwas Besonderes. Er hatte den Mond mit *Apollo 8* bereits einmal umrundet. Nun sollte er ihn auch noch betreten, und zwar als Kommandant zusammen mit John „Jack" Swigert (Mitte) und Fred Haise (rechts).

„Start!"

Am 11. April 1970 begann die Reise. Es war das dritte Mal, dass die NASA Menschen auf die Mondoberfläche schickte. Die Zuschauer waren langsam schon gelangweilt von den Bildern, die zeigten, wie Menschen auf dem Mond umherspazierten.

„HOUSTON, WIR HABEN EIN PROBLEM."

Als die Astronauten am 13. April den Ventilator für die Sauerstoff- und Wasserstofftanks im Servicemodul einschalteten, vernahmen sie einen lauten Knall. Sie waren in großen Schwierigkeiten. Der Sauerstofftank war explodiert und das Servicemodul beschädigt. Das Kontrollzentrum in Houston (Texas, USA) gab den Befehl zum Abbruch der Mission und zur Heimkehr.

Die Astronauten mussten einige technische Probleme überwinden. In der Mondlandefähre sammelte sich gefährlich viel giftiges Kohlendioxid an. Doch mit der Hilfe des Teams auf der Erde konnten sie alle Probleme rechtzeitig lösen.

Da die Energie begrenzt war, hatte die Besatzung die besten Chancen, wenn sie in die Mondlandefähre umstieg – sozusagen ins „Rettungsboot". Sie flogen weiter zum Mond und umkreisten ihn, um Schwung für die Rückreise zur Erde zu holen.

Die Besatzung stieg wieder ins Kommandomodul um und bereitete sich auf den Wiedereintritt vor, nachdem die Mondlandefähre abgekoppelt war. Überall auf der Welt hielten Menschen gebannt den Atem an.

Als sich Apollo 13 der Erde näherte, koppelte die Besatzung auch das Servicemodul ab. Sie konnten sehen, dass ein ganzer Teil der Außenverkleidung abgesprengt worden war.

WASSERUNG!

Nach tagelanger, ununterbrochener Arbeit war es dem Team des Kontrollzentrums gelungen, die Astronauten wieder nach Hause zu bringen. Alle brachen in lauten Jubel aus und klatschten.

Die Besatzung traf Präsident Nixon und wurde ausgezeichnet mit der „Freiheitsmedaille des Präsidenten". Manchmal muss man gar keinen Erfolg haben, um erfolgreich zu sein!

Noch gibt es keine Jetpacks für den Privatgebrauch, aber während des Wettlaufs ins All wurden sie entwickelt und getestet. Am 20. April 1961 – kurz nachdem Juri Gagarin als erster Mensch im All war – wurde erstmals ein Jetpack geflogen. An den Niagara-Fällen an der Grenze zwischen den USA und Kanada wurde er vorgestellt und im Lauf der folgenden Jahrzehnte getestet.

Der Wettlauf zum Mond ließ die Menschen glauben, dass alles möglich sei, und der Gedanke an ein Jetpack schien gar nicht so weit hergeholt. Das Jetpack, offiziell als „Raketenrucksack" bezeichnet, wurde von Wendell Moore erfunden, einem US-amerikanischen Ingenieur bei Bell Aerosystems. Er war bereits an der Erfindung vieler anderer Fluggeräte beteiligt, etwa einem fliegenden Stuhl und einem fliegenden Pogo-Stick für zwei Personen.

Einer, der Moores Erfindungen fliegen durfte, war William „Bill" Suitor. Er kannte Moore bereits aus seiner Teenager-Zeit, als er bei ihm den Rasen mähte. Eine Zeit lang hoffte man, dass sich einige der Erfindungen, wie der Pogo-Stick für zwei Personen, vielleicht für die Fortbewegung auf der Mond-oberfläche nutzen lassen würden.

Jetpacks und Pogo-Sticks

Fliegende Pogo-Sticks
Fliegende Pogo-Sticks wurden getestet, aber nie in Massen produziert.

Raketenrucksack
Das Foto zeigt Suitor beim Test eines Jetpacks im Jahr 1966.

Bei den ersten drei Mondlandungen konnten die Astronauten nur umhergehen, doch mit *Apollo 15* wurde zum ersten Mal ein Fahrzeug mit zum Mond geschickt. Damit legten die Astronauten mehrere Kilometer zurück.

Lunar Roving Vehicle

Der batteriebetriebene Mond-Rover (Lunar Roving Vehicle, LRV) erreichte 18 km/h. Er konnte zwei Astronauten, ihre Ausrüstung und die entnommenen Bodenproben transportieren.

Räder
Titan-Ketten sorgten für gute Bodenhaftung auf der rauen Mondoberfläche.

Astronaut
Die Fahrt im LRV war holprig. Die Astronauten trugen Sicherheitsgurte, die mit Klettverschluss geschlossen wurden.

Lenkung von Hand
Der Astronaut steuerte den LRV mit einem T-förmigen Hebel.

Antenne

Diese große Antenne diente
zur Kommunikation mit dem
Team auf der Erde.

Fernsehkamera

Die Kamera filmte den
Mond in Farbe. Sie
wurde von dem Team
auf der Erde bedient.

Auf dem Mond

James Irwin und David Scott – die Landecrew von *Apollo 15* –
waren die ersten Menschen, die auf dem Mond Auto fuhren. Auf dem
Foto salutiert Irwin vor der US-Flagge. Das LRV steht rechts im Bild.

Landeplatz von Apollo 15

Den Rover auspacken

Es ist sehr schwer, ein Auto auf den Mond zu schicken. Das 210 kg
schwere LRV wurde in einem Lagerabteil zusammengeklappt und von
den Astronauten wieder ausgepackt, als sie auf dem Mond ankamen.

Abseilen

Der Astronaut holt das LRV
aus dem Lagerraum am unteren
Ende der Landefähre (Lunar
Module, LM), indem er es an
Seilen herabzieht.

Fahrgestell aufklappen

Beim Abseilen des LRV entfalten sich das Fahrgestell
und die Räder.

LRV abtrennen

Sobald das Fahrgestell aufgeklappt ist, wird das LRV von
der Mondlandefähre getrennt.
Nun werden noch die Sitze und
die Fußstützen aufgeklappt.

Drei Astronauten flogen mit jeder *Apollo*-Mission zum Mond, aber nur zwei konnten den Mond betreten. Der dritte Astronaut, der Pilot des Kommandomoduls, musste ganz alleine den Mond umkreisen.

Der Pilot des Kommandomoduls spielte eine sehr wichtige Rolle. Er musste das Kommando- und Servicemodul (CSM) intakt halten, denn die Besatzung wollte damit später zur Erde zurückkehren. Und er erforschte den Mond von oben. Im Fall einer Katastrophe auf der Mondoberfläche hätte er alleine zur Erde zurückfliegen müssen, aber glücklicherweise trat dieser Fall nie ein. Bei den späteren *Apollo*-Missionen mussten die Piloten das Modul sogar zu einem Weltraumspaziergang verlassen, um Filmaufnahmen einer Außenbordkamera hereinzuholen.

Wenn das CSM über die Rückseite des Mondes flog, war der Pilot gänzlich vom Funkverkehr abgeschnitten und daher völlig isoliert. Er hatte jedoch keine Zeit, um sich einsam zu fühlen, da er vor der Rückkehr der anderen Astronauten viele Aufgaben zu erledigen hatte. In der Dunkelheit des Alls konnte er auch ins Universum hinausblicken und mehr Sterne sehen, als man je zählen könnte.

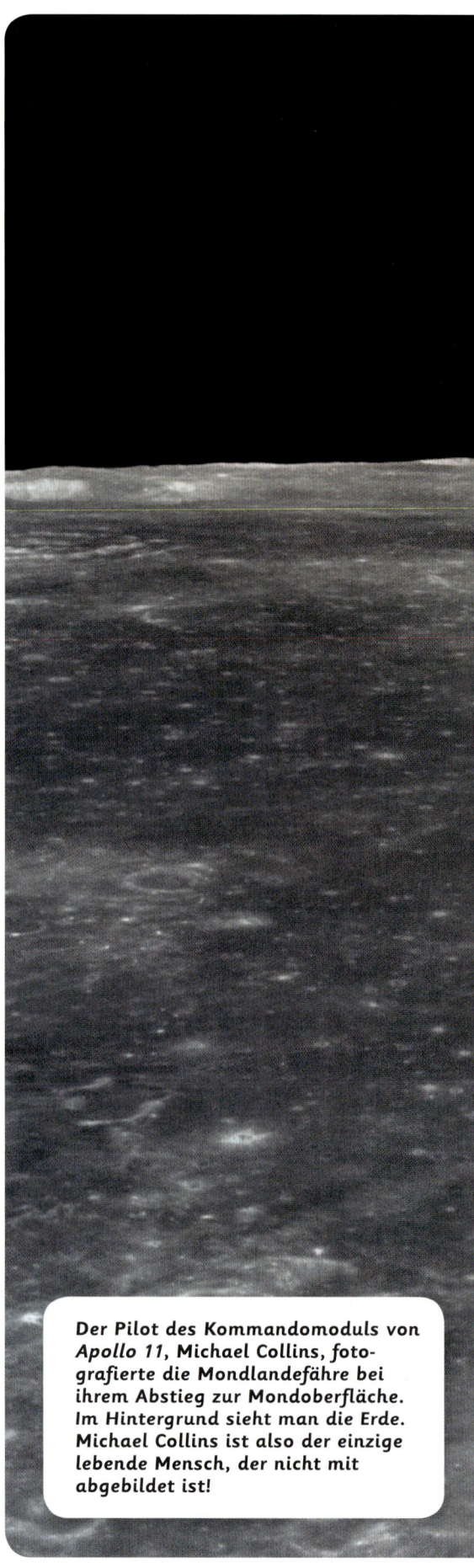

Der Pilot des Kommandomoduls von *Apollo 11*, Michael Collins, fotografierte die Mondlandefähre bei ihrem Abstieg zur Mondoberfläche. Im Hintergrund sieht man die Erde. Michael Collins ist also der einzige lebende Mensch, der nicht mit abgebildet ist!

Aufgaben der Piloten des Kommandomoduls

OPERATIONS-CHECKLISTE

1. Alle Systeme im Kommando- und Servicemodul (CSM) genau kennen.	✓
2. Beim Start als Flugingenieur fungieren.	✓
3. Auf der Reise den Kurs berechnen, halten und wenn nötig korrigieren.	✓
4. Das CSM in der Mondumlaufbahn steuern.	✓
5. Die Mondoberfläche vom CSM aus fotografieren.	✓
6. Nach Landestellen für zukünftige Apollo-Missionen Ausschau halten.	✓
7. Die Mondlandefähre retten, falls der Andockvorgang fehlschlägt.	✓

ALARM-CODES

NAVIGATION

LANDEDATEN

WIEDEREINTRITT

Die letzte Mission

Im Dezember 1972 war *Apollo 17* die letzte Mission zum Mond. Eigentlich waren zehn Mondlandungen geplant, aber da das Geld gekürzt wurde, fanden nur sechs statt.

Für Kommandant Eugene „Gene" Cernan war die Leitung der letzten Mission der stolzeste Moment seines Lebens. Mit ihm flogen

Harrison „Jack" Schmitt, der einzige Wissenschaftler auf dem Mond, als Pilot der Landefähre und Ronald Evans als Pilot des Kommandomoduls.

Apollo 17 verbrachte insgesamt 3 Tage auf dem Mond. Sie erforschten das Taurus-Littrow-Tal, wo sie orangefarbene Erde entdeckten. In den Gesteinsproben fanden Forscher

Harrison Schmitt steht neben einem riesigen Felsblock auf dem Mond. Der-Mond-Rover befindet sich weiter rechts.

auf der Erde später winzige Mengen Wasser und gewannen daraus neue Erkenntnisse über die Entstehung des Mondes.

Bevor er den Mond verließ, blickte Eugene Cernan auf seine Fußabdrücke. Er wusste, dass er nie zurückkehren würde. Die *Apollo*-Missionen waren beendet.

Die letzten Besucher
Cernan (links) und Schmitt (rechts) sind bis heute die letzten zwei Menschen, die auf dem Mond waren.

Mondboden
Die orangefarbene Erde, die bei der letzten *Apollo*-Mission entdeckt wurde, hat ihre Farbe von früherer vulkanischer Aktivität.

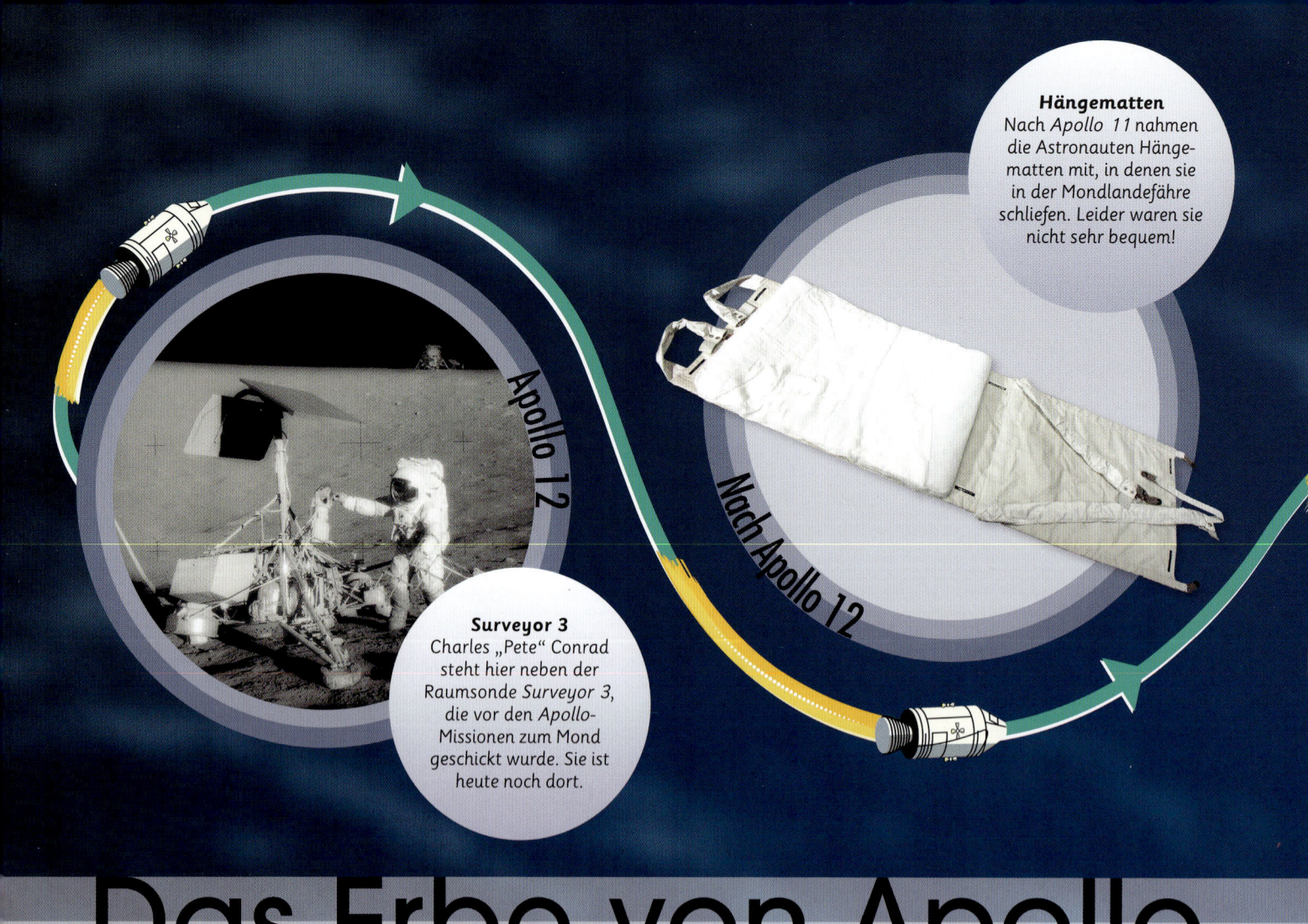

Hängematten
Nach *Apollo 11* nahmen die Astronauten Hänge-matten mit, in denen sie in der Mondlandefähre schliefen. Leider waren sie nicht sehr bequem!

Apollo 12

Nach Apollo 12

Surveyor 3
Charles „Pete" Conrad steht hier neben der Raumsonde *Surveyor 3*, die vor den *Apollo*-Missionen zum Mond geschickt wurde. Sie ist heute noch dort.

Das Erbe von Apollo

Die *Apollo*-Missionen haben unser Bild vom Mond für immer verändert. Die Astronauten brachten insgesamt 382 Kilogramm Gestein und Staub vom Mond mit. Diese Proben werden heute noch untersucht. Sie geben uns Aufschluss über die Entstehungs-geschichte des Mondes, aber auch der Erde. Die meisten Forscher sind heute beispielsweise davon über-zeugt, dass der Mond entstand, als die junge Erde mit einem Himmels-körper von der Größe des Mars zusammenprallte.

Die Bodenproben der Astronauten erzählen den Wissenschaftlern auch sehr viel über die Aktivität der Sonne im Lauf vieler Millionen Jahre. Im Gegensatz zur Erde ist der Mond nicht von einer Atmosphäre um-geben, die ihn vor schädlichen Strahlen schützt, und wir können die Auswirkungen dieser Strahlung

Golf auf dem Mond
Dieses unscharfe Bild aus einem Video zeigt, wie Alan Shepard von *Apollo 14* auf dem Mond Golf spielt. Den Ball hat er allerdings nie zurückbekommen.

Apollo 14

Apollo 14

Gedenktafel auf dem Mond
Das Modell eines gefallenen Astronauten neben einer Plakette ehrt all diejenigen, die beim Wettlauf ins All ihr Leben ließen.

Apollo 15

Mondbäume
Der Pilot des Kommandomoduls von *Apollo 14*, Stuart Roosa, nahm Hunderte Baumsamen mit zum Mond. Auf der Erde wuchsen sie später zu „Mondbäumen" heran.

erkennen. Diese Erkenntnisse sind Teile in dem großen Puzzle, das uns irgendwann helfen wird, nicht nur die Erde, sondern das Sonnensystem und das ganze Universum zu verstehen. Wir kratzen erst an der Oberfläche zukünftiger Forschungen, aber *Apollo* war ein sehr guter Anfang.

Bei *Apollo* geht es aber ebenso sehr um uns Menschen. Zukünftige Forscher werden an den Landestellen viele hinterlassene Schätze finden: Sie lesen Plaketten, auf denen steht, dass Astronauten „in Frieden für die ganze Menschheit" kamen. Sie sehen die Mond-Rover, mit denen die Astronauten umherfuhren und viel Spaß hatten, und sie finden vielleicht sogar Alan Shepards verlorenen Golfball! Bis zum heutigen Tag ist *Apollo* der großartigste Teil der Geschichte menschlicher Entdeckungsreisen.

Fußabdrücke auf dem Mond

Von allen Menschen, die je gelebt haben, betraten nur zwölf den Mond.

Landeplatz
Dies ist ein Foto der Landestelle von *Apollo 17*. Es wurde 2011 vom Lunar Reconnaissance Orbiter (LRO) der NASA aufgenommen. Man sieht Fußabdrücke, Reifenspuren und die Abstiegsstufe der Landefähre.

Apollo 11 — Neil Armstrong

Nach *Apollo 11* war Armstrong auf der ganzen Welt berühmt, aber er mied das Scheinwerferlicht und widmete sich stattdessen seiner großen Leidenschaft — dem Fliegen von Flugzeugen!

Apollo 11 — Edwin „Buzz" Aldrin

Nach dem Mond verfolgte Aldrin das Ziel, Menschen auf den Mars zu bringen. Er reiste um die Erde und begeisterte andere für den Roten Planeten.

Fußabdrücke der Astronauten

Abstiegsstufe der Landefähre

Apollo 12 — Charles „Pete" Conrad

Seine ersten Worte auf dem Mond lauteten: „Whoopie! Man, für Neil war es vielleicht ein kleiner Schritt, aber für mich war er sehr lang."

Apollo 12 — Alan Bean

Nach seinem Aufenthalt auf dem Mond wurde Bean ein Maler. Er inspirierte andere Künstler mit seinen Mondlandschaften.

Apollo 14 — Alan Shepard

Shepard war das einzige Mitglied der *Mercury 7*, das den Mond betrat. Er schlug dort sogar einen Golfball, der angeblich „meilenweit" flog.

Apollo 14 — Edgar Mitchell

Nach der Rückkehr von der *Apollo-14*-Mission, war Mitchell einer der Gründer der „Association of Space Explorers" („Gesellschaft der Raumforscher"). Man kann nur Mitglied werden, wenn man im All war!

David Scott

Bei seinem Aufenthalt auf dem Mond mit James Irwin auf der Mission *Apollo 15* entdeckte Scott einen 4 Milliarden Jahre alten Gesteinsbrocken!

James Irwin

Als Irwin von der Mondoberfläche zurück zur Erde blickte, beschrieb er unseren blauen Planeten als „wunderschön und zerbrechlich".

John Young

Young ist einer der bedeutendsten Astronauten der NASA. Er flog insgesamt sechsmal ins Weltall und war auch der erste Mensch, der ein Spaceshuttle steuerte.

Reifenspuren

Charles Duke

Er war bei seiner Mission erst 36 Jahre alt und damit der jüngste Astronaut, der jemals den Mond betrat.

Eugene „Gene" Cernan

Cernan war der letzte Spaziergänger auf dem Mond. Er widmete sein ganzes Leben der Werbung für die weitere Erforschung des Alls und hoffte, dass die Menschen zum Mond zurückkehren würden.

Harrison „Jack" Schmitt

Schmitt war der einzige Wissenschaftler, der den Mond betrat. Nach *Apollo 17* wurde er ein Senator in den USA.

Familienfoto auf dem Mond
Charles „Charlie" Duke ließ dieses Foto seiner Familie auf dem Mond zurück. Der Astronaut Eugene Cernan ritzte bei einer anderen Mission die Initialen seiner Tochter in die Mondoberfläche.

Stille Helden

Christopher Kraft
Er entwickelte das Konzept der Mission Control (des Kontrollzentrums), als er noch Ingenieur bei der NASA war. Später wurde er der erste Flugdirektor der NASA und das Gebäude von Mission Control wurde nach ihm benannt.

Donald „Deke" Slayton
Er war einer der *Mercury 7*, konnte aber zunächst wegen einer Herzkrankheit nicht ins All fliegen. Stattdessen kümmerte er sich um das Training der Astronauten. Er war maßgeblich verantwortlich für die Auswahl der Besatzungen von Missionen und er entschied auch, wer die ersten Menschen auf dem Mond sein würden. Dank medizinischer Fortschritte konnte er 1975 seinen Traum erfüllen und bei der *Apollo-Sojus-*Mission doch noch ins All fliegen.

Astronauten waren die öffentlich sichtbaren Beteiligten des *Apollo*-Programms, aber hinter ihnen standen rund 400 000 weitere Personen.

Viele Frauen nähten mit der Hand die Raumanzüge, Hausmeister kümmerten sich um die Sauberkeit der Raumfahrzeuge, Wissenschaftler und Ingenieure lösten schier unmögliche Probleme, um die Raketen ins All zu bringen. Jede einzelne Aufgabe war wichtig und jede trug ihren Teil zum Erfolg der *Apollo*-Missionen bei.

Wissenschaftler und Ingenieure aus der ganzen Welt waren in die *Apollo*-Missionen einbezogen.

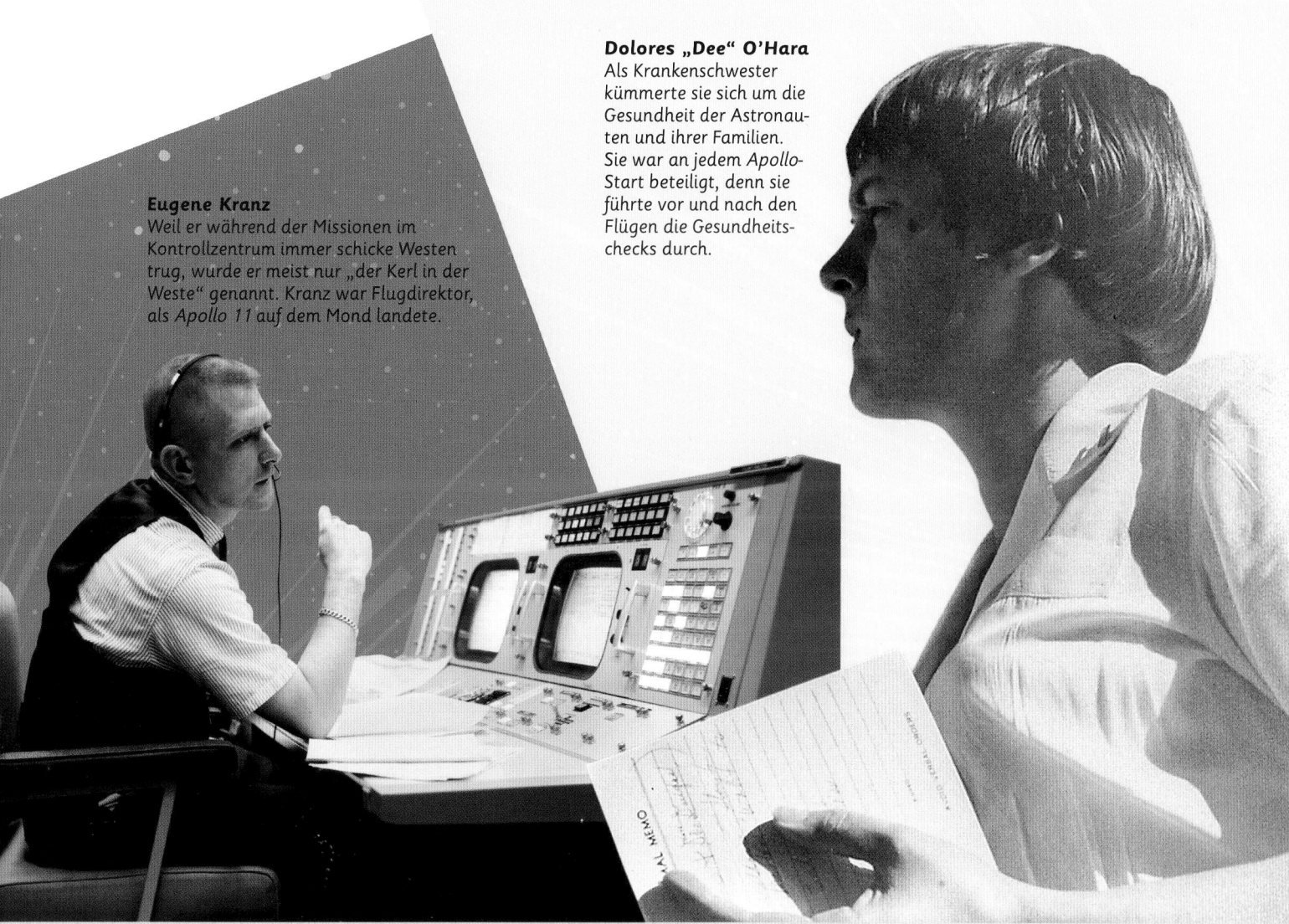

Eugene Kranz
Weil er während der Missionen im Kontrollzentrum immer schicke Westen trug, wurde er meist nur „der Kerl in der Weste" genannt. Kranz war Flugdirektor, als *Apollo 11* auf dem Mond landete.

Dolores „Dee" O'Hara
Als Krankenschwester kümmerte sie sich um die Gesundheit der Astronauten und ihrer Familien. Sie war an jedem *Apollo*-Start beteiligt, denn sie führte vor und nach den Flügen die Gesundheitschecks durch.

Länder von Australien über Großbritannien bis Spanien halfen, die *Apollo*-Raumfahrzeuge auf ihren Reisen nicht aus den Augen zu verlieren.

Die vielen stillen Helden kann man gar nicht alle aufzählen. Eine der wichtigsten Lehren, die wir aus dem Wettlauf ins All ziehen können, lautet, dass Experten, die im Team arbeiten, viel mehr erreichen als einer alleine.

Wenn die Astronauten den Mond ansehen, können sie sagen: „Ich war da." Tausende von anderen Menschen können aber auch stolz zum Mond blicken – in der Gewissheit, dass sie diese Reisen ermöglichten.

Frieden im All

Am 17. Juli 1975 koppelten sich ein US-amerikanisches *Apollo*- und ein sowjetisches *Sojus*-Raumfahrzeug im All aneinander. Die beiden Kommandanten schwebten durch die Verbindungsschleuse und reichten einander die Hände. Viele Millionen Menschen sahen ihnen zu, denn das Andockmanöver besiegelte das Ende des Wettlaufs im All. Von nun an wollten die beiden Nationen bei der Erforschung des Weltraums zusammenarbeiten.

An Bord waren die beiden Kosmonauten Alexej Leonow und Waleri Kubassow sowie die drei Astronauten Thomas Stafford, Donald „Deke" Slayton und Vance Brand. Sie nahmen Anrufe der Präsidenten Gerald Ford und Leonid Breschnew entgegen, führten Experimente durch und tauschten Geschenke aus.

Die Gruppe fertigte eine Plakette ihrer Mission. Eine Seite war in den USA, die andere in der Sowjetunion gestaltet worden. Nach 2 Tagen verabschiedeten sie sich voneinander, koppelten wieder ab und brachten die eigenen Missionen zu Ende.

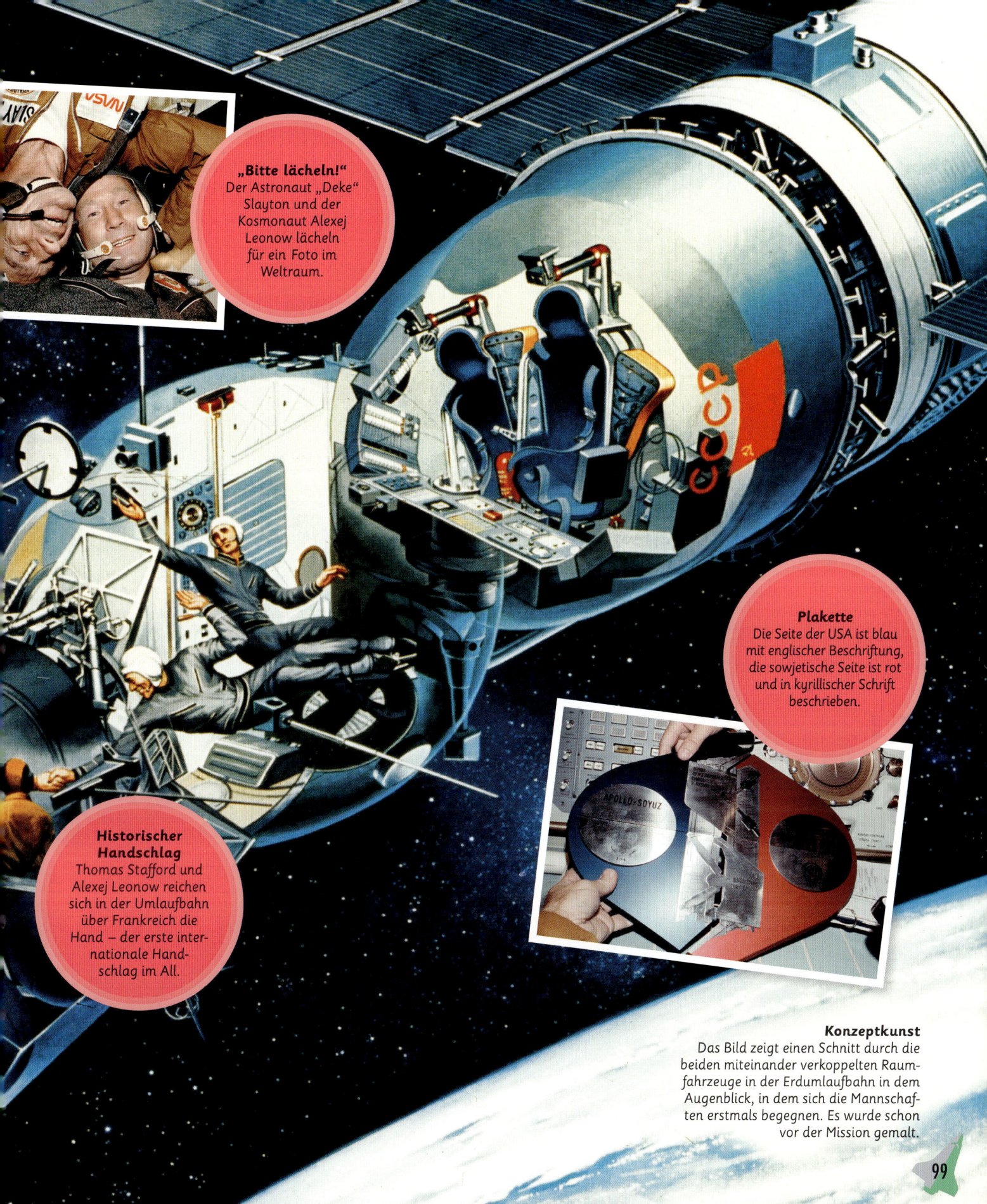

„Bitte lächeln!"
Der Astronaut „Deke"
Slayton und der
Kosmonaut Alexej
Leonow lächeln
für ein Foto im
Weltraum.

Plakette
Die Seite der USA ist blau
mit englischer Beschriftung,
die sowjetische Seite ist rot
und in kyrillischer Schrift
beschrieben.

**Historischer
Handschlag**
Thomas Stafford und
Alexej Leonow reichen
sich in der Umlaufbahn
über Frankreich die
Hand – der erste inter-
nationale Hand-
schlag im All.

Konzeptkunst
Das Bild zeigt einen Schnitt durch die
beiden miteinander verkoppelten Raumfahrzeuge in der Erdumlaufbahn in dem
Augenblick, in dem sich die Mannschaf-
ten erstmals begegnen. Es wurde schon
vor der Mission gemalt.

Neue Sowjet-Projekte

Viele hatten erwartet, dass die Sowjetunion die ersten Menschen zum Mond schicken würde. Sie hatte so viele Erfolge im All gefeiert: die erste Raumsonde zum Mond und später auch die ersten Fotos von der Rückseite des Mondes. Im September 1968 ließ sie sogar Schildkröten um den Mond kreisen und brachte sie sicher wieder zur Erde zurück.

Dennoch gelang es der Sowjetunion nie, ein bemanntes Raumfahrzeug zum Mond zu senden. Nach *Apollo 11* konzentrierte man sich dort auf unbemannte Missionen, deren Ausführung weniger kostete.

Die Sowjetunion sandte Raumsonden zu anderen Planeten und konnte die ersten Fotos der Venusoberfläche vorweisen. Zudem baute sie die ersten Weltraumstationen, in denen Menschen lebten und arbeiteten.

Mondlandefähre

Die Sowjetunion entwickelte eine Landefähre für eine Person, doch sie wurde nie eingesetzt. Stattdessen wurde die unbemannte Sonde *Luna 16* zum Mond geschickt, die Bodenproben zurückbrachte.

Modell der Mond-landefähre

So stellte sich ein Künstler *Luna 16* auf der Mondoberfläche vor.

Die Venus

Die Sowjetunion hatte anfangs mehr Erfolg mit der Erforschung der Oberfläche des Planeten Venus. Zwischen 1970 und 1985 ließ sie mehrere Sonden dort landen, darunter *Venera*, die auf dieser Briefmarke verewigt wurde. Die Raumsonde *Venera* sandte auch Fotos von der Venusoberfläche.

Farbfoto der Venusoberfläche von *Venera 13* (1982)

Sowjetischer Rover

Lunochod 1 war ein ferngesteuertes Mondfahrzeug, das 2,3 m lang und 1,5 m hoch war. Es erforschte 1970 bis 1971 10 Monate lang die Mondoberfläche.

Erste Raumstationen

Die Sowjetunion entwickelte und baute die ersten Raumstationen, die den Namen *Saljut* trugen. Nicht alle waren erfolgreich. Die USA folgten kurz danach mit ihrer eigenen Raumstation *Skylab*.

Voyager-Missionen

Die Neugier auf das All endete keineswegs mit dem *Apollo*-Programm. *Apollo* war erst der Anfang unserer Abenteuer im Weltraum. Die NASA startete 1977 die beiden unbemannten Raumsonden *Voyager 1* und *Voyager 2*. Auf ihrer Reise durch das Sonnensystem sollten sie die äußeren Planeten erforschen. Sie kamen an Orten vorbei, an denen noch nie ein von Menschen gebautes Objekt war, und ihre Reise ist noch nicht zu Ende!

Die Raumsonden
Die *Voyager*-Sonden sind so gebaut, dass sie auch von außerhalb des Sonnensystems noch Nachrichten zur Erde schicken können.

Start
Voyager 1 startet in Cape Canaveral (Florida, USA). Sie erhält den Namen *Voyager 1*, weil sie die erste Sonde sein wird, die Jupiter und Saturn erreicht.

Jupiter
Voyager 1 erreicht Jupiter. Ihre Fotos zeigen, dass der Große Rote Fleck das Gebiet eines riesigen Wirbelsturms ist. Die Sonde entdeckt auch Vulkane auf dem Jupitermond Io.

5. September 1977

5. März 1979

9. November 1980

Voyager 1

Voyager 2

20. August 1977

9. Juli 1979

25. August 1981

Start
Voyager 2 startet ebenfalls in Cape Canaveral. Obwohl sie vor *Voyager 1* startet, erhält sie den Namen *Voyager 2*, weil sie Jupiter und Saturn erst nach *Voyager 1* erreichen wird.

Jupiter
Voyager 2 macht Aufnahmen vom Ringsystem des Jupiters und beobachtet Vulkanausbrüche auf dem Jupitermond Io.

Saturn
Voyager 2 kommt dem Saturn am nächsten. Sie fotografiert den Planeten und passiert einige der eisigen Monde, z. B. Tethys und Iapetus.

Die „Goldene Platte"

Sollten die *Voyager*-Sonden je von Außerirdischen entdeckt werden, haben sie eine goldene Datenplatte, die „Golden Record" dabei. Darauf sind Klänge und Grüße von der Erde gespeichert. Man könnte sie als „kosmische Flaschenpost" bezeichnen!

Saturn
Voyager 1 nimmt Saturn und seinen größten Mond Titan auf. Die Sonde entdeckt noch drei neue Monde des Saturn: Atlas, Pandora und Prometheus.

Die Erde
6 Milliarden Kilometer von der Sonne entfernt nimmt *Voyager 1* ein Foto von der Erde auf. Man erkennt sie nur als winzigen, hellblauen Punkt.

Außerhalb des Sonnensystems
Voyager 1 ist das erste von Menschen gebaute Objekt, das das Sonnensystem hinter sich lässt.

14. Februar 1990

25. August 2012

24. Januar 1986

25. August 1989

Uranus
Voyager 2 ist die erste und bisher einzige Sonde, die an Uranus vorbeikommt. Ihre Bilder zeigen den Planeten erstmals aus der Nähe.

Neptun
Bei Neptun entdeckt *Voyager 2* sechs neue Monde und einen riesigen Sturm, der nun den Spitznamen „Großer Dunkler Fleck" trägt.

Ab 1980 gab es ein neues Transportmittel für NASA-Astronauten: Sie verließen die Erde mit dem Spaceshuttle. Frühere Raumfahrzeuge konnten nur einmal verwendet werden, doch das Spaceshuttle war für zahlreiche Flüge gebaut.

Ruder
Mit dem Ruder wurde der Orbiter vor der Landung gesteuert und abgebremst.

Treibstofftanks
Der Treibstoff für die Haupttriebwerke lagerte in zwei Tanks.

Haupttriebwerke (Space Shuttle Main Engines, SSME)
Drei Haupttriebwerke trugen das Shuttle in die Umlaufbahn und lenkten es in die richtige Richtung.

Start!

Das Spaceshuttle hatte drei Teile: den Orbiter, in dem sich die Astronauten befanden, einen großen, orangefarbenen Außentank (External Tank) und zwei Feststoff-Raketen (Solid Rocket Boosters), die das Shuttle vom Boden abhoben.

Hitzeschild
Kacheln an den Flügelkanten und an der Unterseite des Orbiters schützten ihn vor der Wärmeentwicklung beim Wiedereintritt in die Atmosphäre.

Ausstieg
Die Astronauten konnten durch eine Luftschleuse steigen und Außenbordarbeiten ausführen.

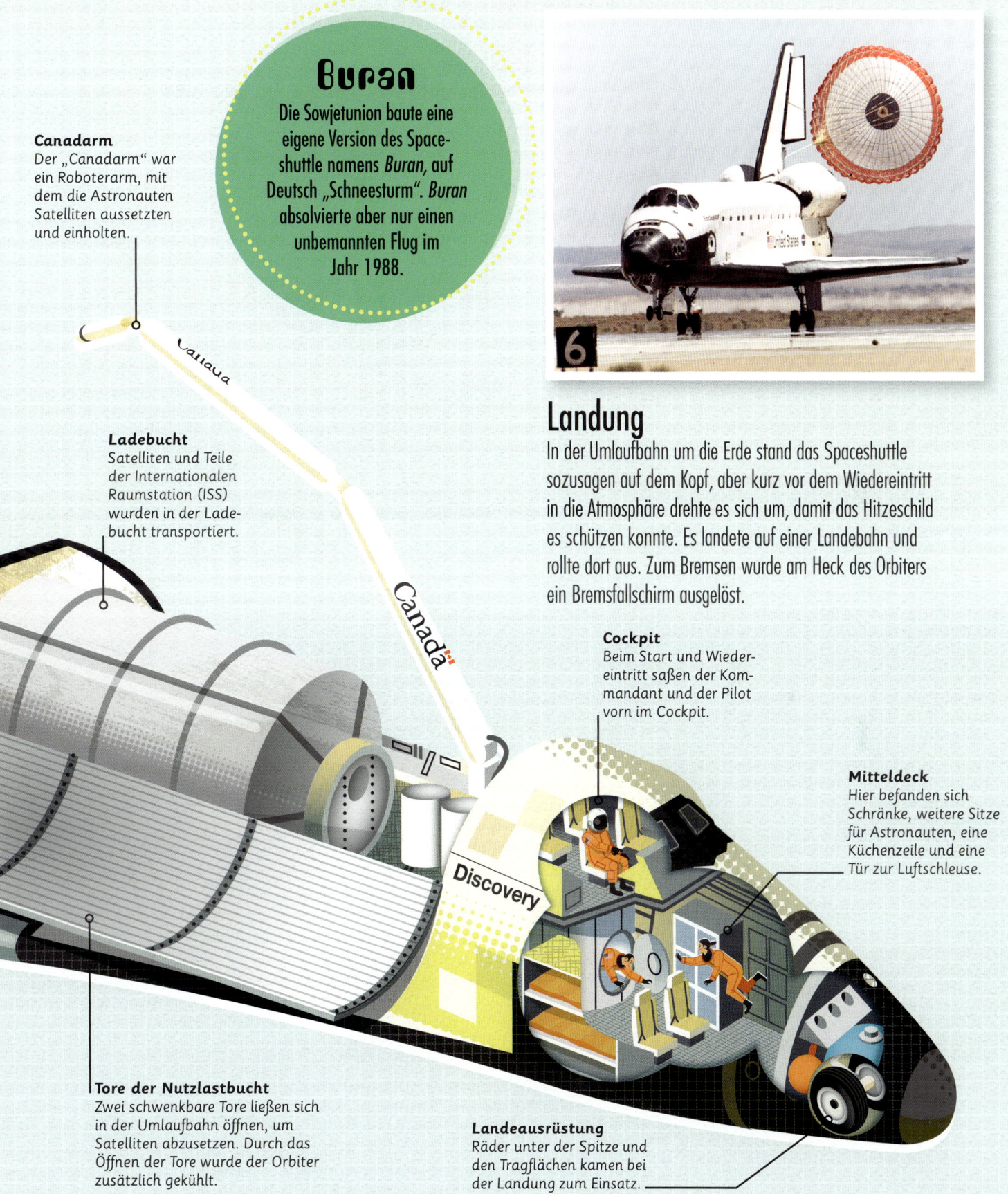

Buran

Die Sowjetunion baute eine eigene Version des Spaceshuttle namens *Buran*, auf Deutsch „Schneesturm". *Buran* absolvierte aber nur einen unbemannten Flug im Jahr 1988.

Canadarm
Der „Canadarm" war ein Roboterarm, mit dem die Astronauten Satelliten aussetzten und einholten.

Ladebucht
Satelliten und Teile der Internationalen Raumstation (ISS) wurden in der Ladebucht transportiert.

Canada

Discovery

Landung

In der Umlaufbahn um die Erde stand das Spaceshuttle sozusagen auf dem Kopf, aber kurz vor dem Wiedereintritt in die Atmosphäre drehte es sich um, damit das Hitzeschild es schützen konnte. Es landete auf einer Landebahn und rollte dort aus. Zum Bremsen wurde am Heck des Orbiters ein Bremsfallschirm ausgelöst.

Cockpit
Beim Start und Wiedereintritt saßen der Kommandant und der Pilot vorn im Cockpit.

Mitteldeck
Hier befanden sich Schränke, weitere Sitze für Astronauten, eine Küchenzeile und eine Tür zur Luftschleuse.

Tore der Nutzlastbucht
Zwei schwenkbare Tore ließen sich in der Umlaufbahn öffnen, um Satelliten abzusetzen. Durch das Öffnen der Tore wurde der Orbiter zusätzlich gekühlt.

Landeausrüstung
Räder unter der Spitze und den Tragflächen kamen bei der Landung zum Einsatz.

Shannon Lucid Rhea Seddon Kathryn Sullivan Judith Resnik Anna Fisher Sally Ride

Erste Gruppe von Astronautinnen

1978 stellte die NASA die ersten weiblichen Astronauten ein. Am 18. Juni 1983 flog Sally Ride als erste in den Weltraum.

Neue Generation

Das Zeitalter der Spaceshuttles machte den Weg frei für eine neue Generation von NASA-Astronauten. Zuvor waren alle Raumfahrer Männer gewesen, meist Testpiloten des Militärs. Im Zuge einer sich wandelnden Gesellschaft tat sich nun auch für Afro-Amerikaner und Frauen die Gelegenheit auf, ins All zu fliegen.

Die Raumfahrt wurde auch immer internationaler. Mehr und mehr Länder beteiligten sich, um von den wissenschaftlichen Erkenntnissen und dem Fortschritt zu profitieren.

Die Sowjetunion und die USA konnten zwar immer noch als Einzige Menschen ins All schicken, aber beide Nationen nahmen nun Astronauten aus anderen Ländern mit.

Als erster Deutscher reiste Sigmund Jähn 1978 in den Weltraum. Jähn startete als Angehöriger einer sowjetischen Weltraummission zur russischen Raumstation *Saljut 6*. Er blieb dort ganze 7 Tage lang, kreiste insgesamt 125-mal um die Erde und führte zahlreiche wissenschaftliche Experimente durch.

Erster Deutscher im Weltall

Der deutsche Kosmonaut Sigmund Jähn flog am 26. August 1978 zur sowjetischen Raumstation *Saljut 6*.

Erste Spaceshuttle-Kommandantin

Am 23. Juli 1999 wurde Eileen Collins die erste Frau, die eine Weltraum-Mission kommandierte.

Internationale Astronauten

Bald flogen Menschen aus aller Welt in den Weltraum. Nach der Rückkehr von ihren Missionen warben sie in ihren Heimatländern für die Raumfahrt und deren Nutzen.

Sultan Salman Abdulaziz Al-Saud (Saudi Arabien)

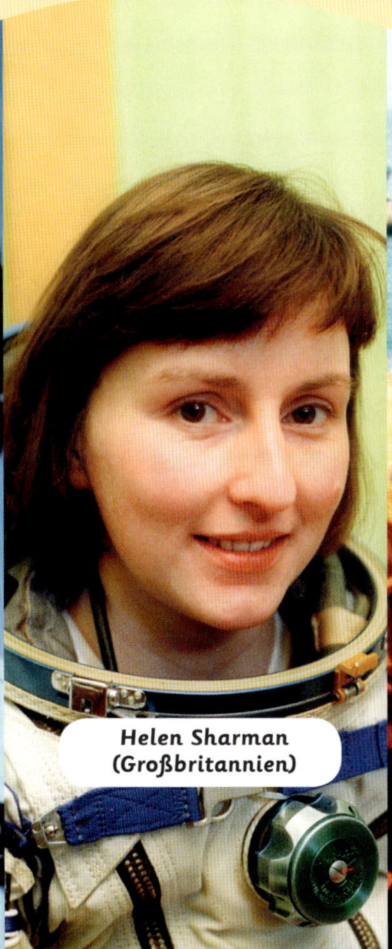

Helen Sharman (Großbritannien)

Rakesh Sharma (Indien)

Mir

Die Sowjetunion begann 1986 mit dem Aufbau ihrer Raumstation *Mir*. Das Wort bedeutet auf Russisch „Frieden". Die Station wurde im Lauf von 10 Jahren im Weltraum zusammengebaut. Damals war sie das größte von Menschen gebaute Objekt in der Umlaufbahn der Erde.

Mehr als 100 Menschen besuchten die *Mir* in den 15 Jahren, in denen sie in Betrieb war. Unter ihnen war auch der deutsche Raumfahrer Thomas Reiter, der zwischen 1995 und 1996 ganze 176 Tage auf der Station verbrachte. Die Besucher erforschten unter anderem, was im menschlichen Körper vorgeht, wenn er lange Zeit im All verbringt.

Während ihrer Lebensdauer veränderte sich die politische Welt dramatisch. 1991 brach die Sowjetunion auseinander. Dabei entstanden Russland sowie eine Reihe anderer Staaten. Die Kosmonauten, die damals auf der *Mir* waren, kehrten in ein völlig anderes Land zurück. Die Veränderung ermöglichte auch eine neue Zusammenarbeit zwischen den USA und Russland. Sowohl das Spaceshuttle als auch die *Sojus*-Rakete brachten jetzt Menschen zur *Mir*.

Legende

1 Raumfahrzeug
Das Raumfahrzeug *Progress* brachte Nachschub zur *Mir*, aber keine Menschen.

2 Solarmodule
In diesen Modulen wurde Energie aus Sonnenlicht gewonnen.

3 Basismodul
Dies war das Herz der Raumstation mit den Wohnquartieren.

4 Andockmodul Kristall
Dort konnte das Spaceshuttle der NASA an die *Mir* andocken.

5 Kwant-2
Dieses Modul hatte eine Luftschleuse zum Ausstieg für Außenbordarbeiten.

6 Sojus-Raumschiff
Das russische Raumfahrzeug brachte Personal und Nachschub zur *Mir*.

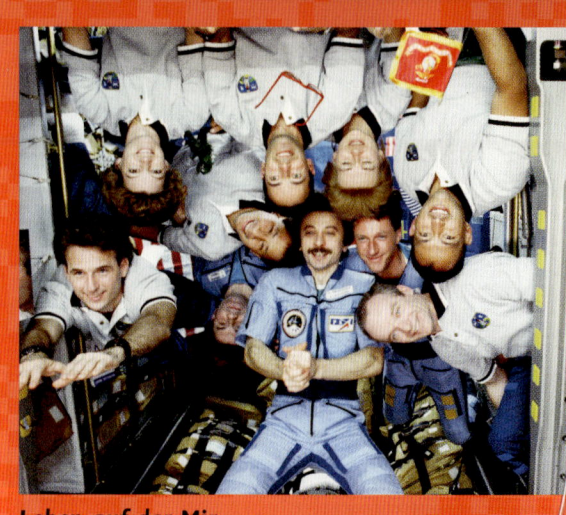

Leben auf der Mir
Kosmonauten und Astronauten posieren fröhlich für ein Gruppenfoto. Manchmal gab es auf der *Mir* aber auch Probleme, wie einen gefährlichen Brand 1997.

Dinner im All

NASA-Astronauten genießen an Bord der *Mir* das russische Essen. Sie essen direkt aus der Dose, weil man im Weltraum kaum kochen kann.

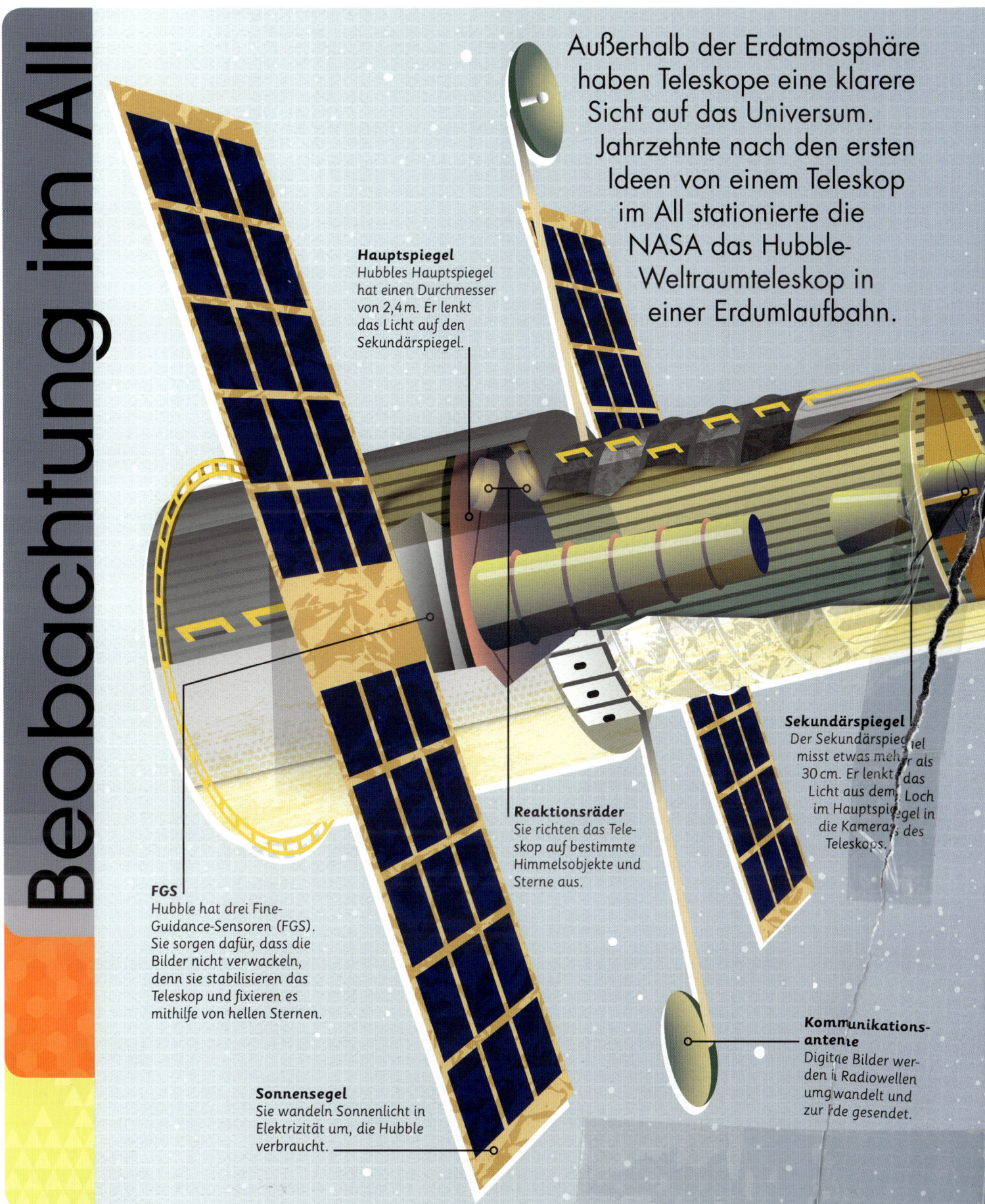

Außerhalb der Erdatmosphäre haben Teleskope eine klarere Sicht auf das Universum. Jahrzehnte nach den ersten Ideen von einem Teleskop im All stationierte die NASA das Hubble-Weltraumteleskop in einer Erdumlaufbahn.

Hauptspiegel
Hubbles Hauptspiegel hat einen Durchmesser von 2,4 m. Er lenkt das Licht auf den Sekundärspiegel.

Sekundärspiegel
Der Sekundärspiegel misst etwas mehr als 30 cm. Er lenkt das Licht aus dem Loch im Hauptspiegel in die Kameras des Teleskops.

Reaktionsräder
Sie richten das Teleskop auf bestimmte Himmelsobjekte und Sterne aus.

FGS
Hubble hat drei Fine-Guidance-Sensoren (FGS). Sie sorgen dafür, dass die Bilder nicht verwackeln, denn sie stabilisieren das Teleskop und fixieren es mithilfe von hellen Sternen.

Kommunikations-antenne
Digitale Bilder werden in Radiowellen umgewandelt und zur Erde gesendet.

Sonnensegel
Sie wandeln Sonnenlicht in Elektrizität um, die Hubble verbraucht.

Lichtschutzklappe
Die Klappe lässt sich bei Bedarf schließen, damit das Teleskop nicht etwa durch zu helles Sonnenlicht beschädigt wird.

Reparatur und Wartung

Für Reparatur- und Wartungsarbeiten am Hubble-Teleskop flog das Spaceshuttle längsseits, ergriff es mit einem Roboterarm und holte es in seine Nutzlastbucht. Hier konnten die Astronauten es reparieren und fehlerhafte Teile austauschen.

Fotos
Das Hubble-Weltraumteleskop hat uns einige der faszinierendsten Bilder des Universums geschenkt. Es machte bis heute Hunderttausende von Aufnahmen von der Geburt von Sternen bis hin zu weit, weit entfernten Galaxien.

Tarantel-Nebel
Der Nebel 30 Doradus oder Tarantel-Nebel liegt in der Großen Magellanschen Wolke, einer Nachbargalaxie der Milchstraße.

Lagunen-Nebel
Dieses Foto wurde am 28. Geburtstag von Hubble aufgenommen. Es fokussiert einen Stern, der 200 000-mal heller ist als die Sonne.

1998

Sarja
Das erste Modul der
Raumstation, das ins
All gebracht wurde,
war Sarja. Es war in
Russland gebaut
worden, lieferte
elektrischen Strom
und stellte Lagerraum
für den Zusammenbau
der ISS zur Verfügung.

2005

Swesda
Swesda wurde als
drittes Modul der
ISS hinzugefügt.
Es enthält Lebens-
erhaltungssysteme
und Wohnräume für
zwei Besatzungs-
mitglieder.

2000

Die ISS wird größer
Bis 2005 hatte die ISS ein wissenschaftliches
Laboratorium, Luftschleusen und den
Canadarm2 erhalten – einen Roboterarm,
der Ausrüstungsteile bewegen kann.

Erweiterung
Im Jahr 2007 erhielt die ISS
weitere Solarmodule. Sie
sammeln Sonnenlicht und
wandeln es in Elektrizität um.

1998 begann der Bau der Internationalen Raumstation (ISS). Sie wurde
Stück für Stück in der Umlaufbahn
zusammengesetzt. Die verschiedenen Teile wurden von Russland und
den USA ins All gebracht. Astronauten und Kosmonauten erledigten
die Außenarbeiten. Sie installierten

Module, verbanden Systeme und
reparierten die Außenhülle.

Der Weltraum war nicht mehr ein
Ort der Konkurrenz, sondern der
Zusammenarbeit vieler Länder –
selbst wenn sie sich unten auf der
Erde nicht besonders gut verstanden!

Bau der Raumstation

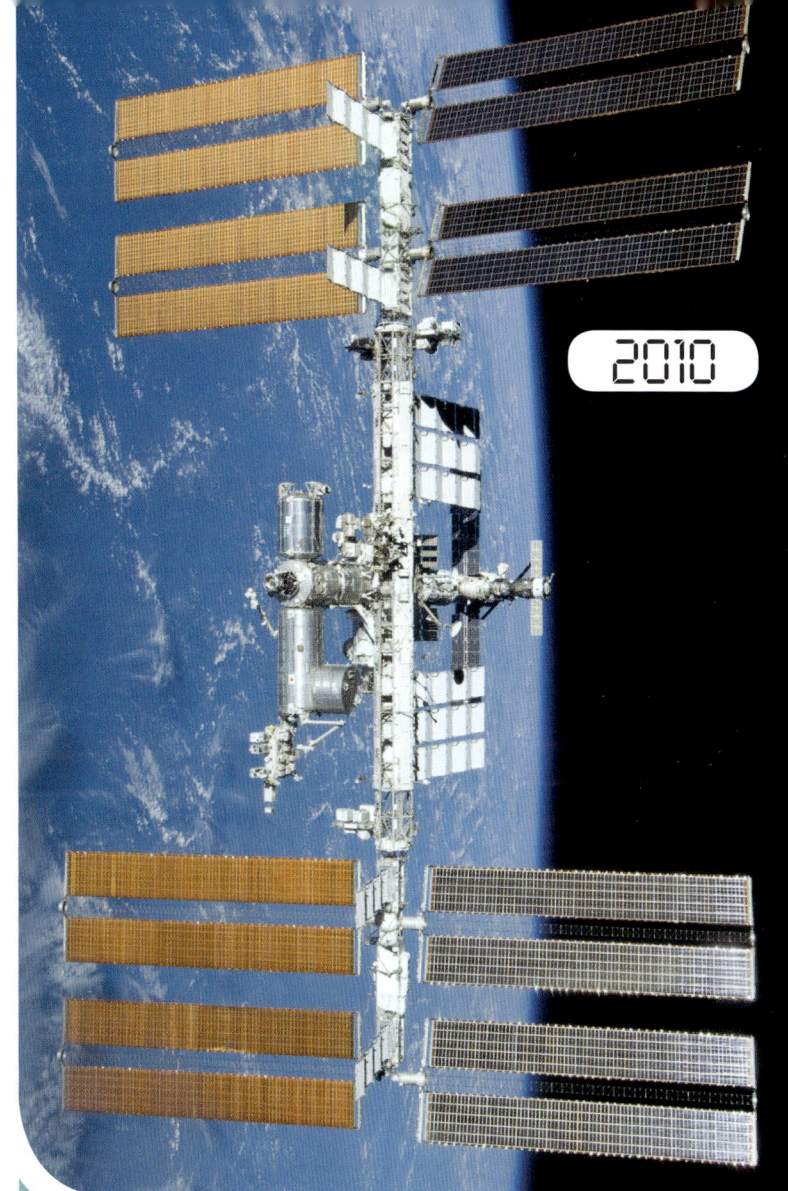

2010

2007

Ein neues Modul

2010 folgte ein weiteres Modul. Die Raumstation ist größer als ein Fußballfeld. Sie ist das größte von Menschen gebaute Objekt in der Umlaufbahn.

An dem Projekt sind 15 Länder beteiligt. Das Ergebnis ist der größte Außenposten der Menschheit im Weltraum, der die Erde in einer Höhe von 400 Kilometern umkreist. Seit dem 2. November 2000 ist die ISS ständig von Menschen bewohnt, die dort leben und arbeiten.

Test neuer Technologien
Der Astronaut Bruce McCandless erprobte die MMU (Manned Maneuvering Unit) bei einem Weltraumspaziergang ohne Seil. Sie ist wie ein Jetpack, mit man alleine fliegen kann.

Die waghalsigste Weltraummission
Meist werden Raumfahrzeuge unbemannt getestet, um sicherzugehen, dass sie gut funktionieren. Beim ersten Start des Spaceshuttles waren aber die Astronauten John Young und Robert Crippen an Bord.

CABIN FAN
DEBRIS

Arbeitspferd im All

Die NASA stellte eine Flotte von fünf wiederverwendbaren Spaceshuttles her: *Columbia*, *Challenger*, *Discovery*, *Atlantis* und *Endeavour*. Sie leisteten 135 Flüge in 30 Jahren. Das Shuttle-Programm half beim Bau der ISS, beim Start und bei der Wartung des Hubble-Weltraumteleskops und brachte 355 Astronauten aus aller Welt in die Erdumlaufbahn.

Das Spaceshuttle ist eine der komplexesten Ingenieursleistungen aller Zeiten, und es erledigte in seinen 30 Dienstjahren viele Aufgaben, darunter wissenschaftliche Experimente und Satellitenstarts. Von ihm aus wurden auch Sonden ins Sonnensystem gesandt, die andere Planeten erforschten, wie etwa die Sonden *Magellan* zur Venus und *Galileo* in eine Jupiter-Umlaufbahn.

Die Lehren aus diesen 135 Missionen bilden den Grundstein für die zukünftige Erforschung des Alls.

Medizinischer Fortschritt
Der Astronaut Norman Thagard sieht hier wie ein Außerirdischer aus. Er untersuchte die Reaktionen seines Körpers auf den Aufenthalt im Weltraum.

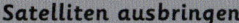

Satelliten ausbringen
In der Nutzlastbucht der Spaceshuttles wurden viele Satelliten ins All gebracht. Astronauten setzten sie sicher am richtigen Ort in der Erdumlaufbahn ab.

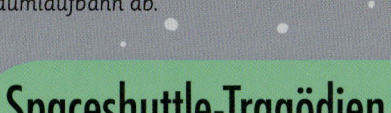

Spaceshuttle-Tragödien

Leider waren die Reisen im Spaceshuttle auch gefährlich. Zwei Besatzungen mit insgesamt 14 Astronauten verloren ihr Leben in zwei Katastrophen: *Challenger* im Jahr 1986 und *Columbia* im Jahr 2003.

Challenger-Besatzung

Columbia-Besatzung

Die Internationale Raumstation (ISS) ist ein Labor in der Erdumlaufbahn, in dem bis zu sechs Personen leben und arbeiten. Sie fliegt mit einer Geschwindigkeit von über 7 Kilometern pro Sekunde und ist so groß, dass sie von der Erde aus sichtbar ist – als heller Lichtpunkt, der sich über den Himmel bewegt.

Kibo-Modul
Das japanische Labor Kibo hat eine Mini-Luftschleuse, damit Astronauten draußen im All Experimente durchführen können.

BEAM
Dieses aufblasbare Modul wird gerade auf der ISS getestet.

Canadarm2
Mit dem Roboterarm werden Ausrüstungsteile außerhalb der ISS umherbewegt.

Cupola
Die Aussichtskuppel wurde von der Europäischen Weltraumorganisation(ESA) gebaut. Ihre sieben Fenster bieten eine herrliche Aussicht auf die Erde.

Sojus
Das *Sojus*-Raumschiff bringt Menschen und Vorräte zur ISS und wieder zurück.

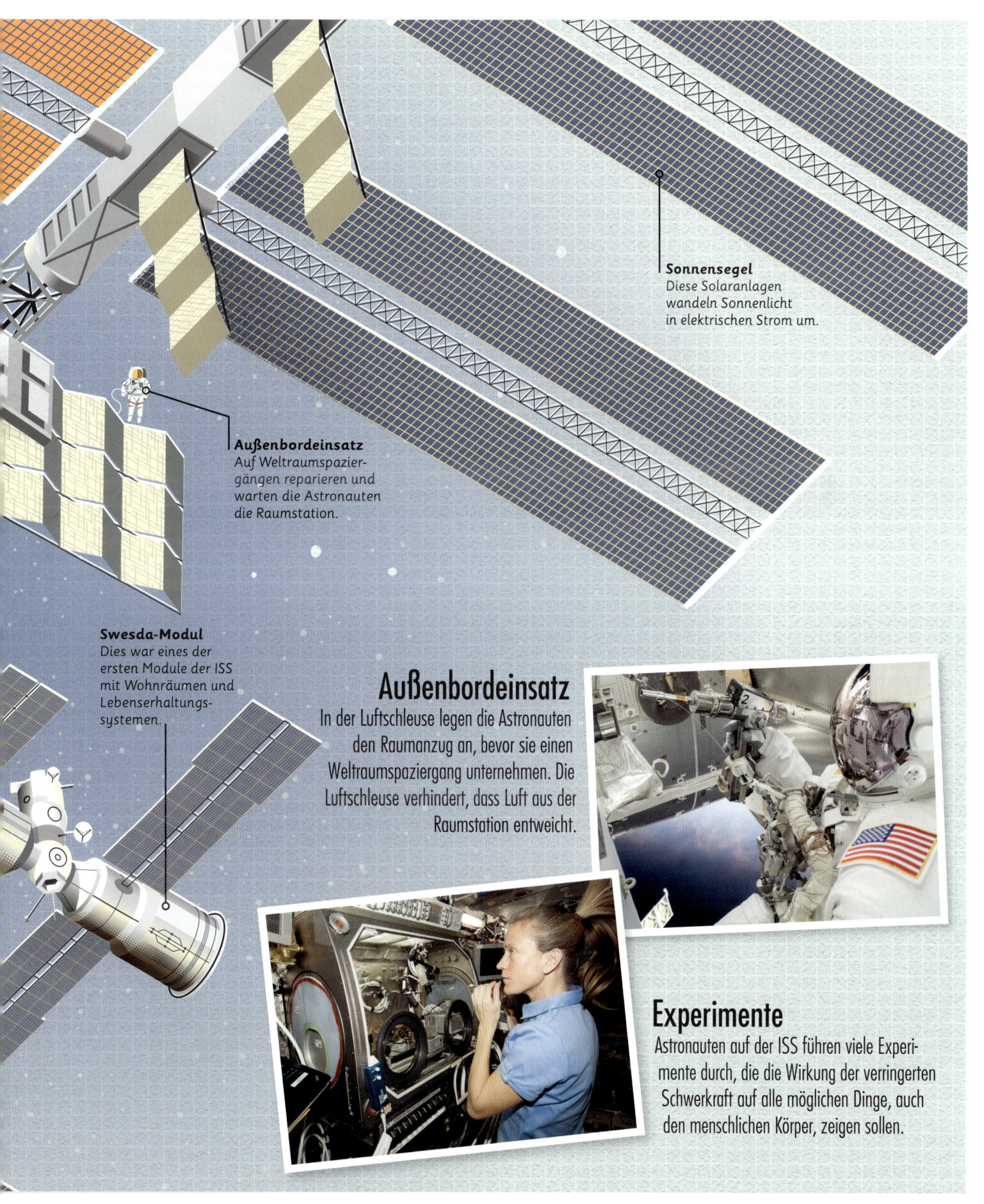

Sonnensegel
Diese Solaranlagen wandeln Sonnenlicht in elektrischen Strom um.

Außenbordeinsatz
Auf Weltraumspaziergängen reparieren und warten die Astronauten die Raumstation.

Swesda-Modul
Dies war eines der ersten Module der ISS mit Wohnräumen und Lebenserhaltungssystemen.

Außenbordeinsatz

In der Luftschleuse legen die Astronauten den Raumanzug an, bevor sie einen Weltraumspaziergang unternehmen. Die Luftschleuse verhindert, dass Luft aus der Raumstation entweicht.

Experimente

Astronauten auf der ISS führen viele Experimente durch, die die Wirkung der verringerten Schwerkraft auf alle möglichen Dinge, auch den menschlichen Körper, zeigen sollen.

Leben im All

Die Astronauten der ISS sind im Weltraum zu Hause. Die meisten Missionen dauern monatelang, einige Astronauten bleiben ein ganzes Jahr! Wissenschaftler entwickeln Methoden, wie sie alltägliche Dinge in der Mikrogravitation erledigen können.

Sauber bleiben
Ohne Dusche ist das Haarewaschen kompliziert. Man braucht dazu einen Beutel voll Wasser, Shampoo, das man nicht ausspülen muss, und viel Geduld, weil das Wasser manchmal einfach davonschwebt.

Catherine Coleman

Alexander Gerst

Fitness
Astronauten im All müssen täglich trainieren, damit ihre Muskeln und Knochen in Form bleiben. Dieses Fitnessfahrrad, das von den Astronauten auf der Raumstation benutzt wird, hat eine Anschnallvorrichtung, damit sie beim Treten nicht davonschweben.

Musik
Die NASA weckt die Astronauten auf der ISS mit Musik. Es gibt dort sogar eine Gitarre, mit der Chris Hadfield (links) im Weltraum sogar ein Album aufgenommen hat.

Auf die Toilette gehen
Dieses Foto zeigt die Toilette auf der ISS. Die Astronauten müssen sich am Sitz festschnallen, damit sie nicht davonschweben. Ein Vakuumsauger saugt die Ausscheidungen ein.

Chris Hadfield

Essen
Im All muss man den meisten Nahrungsmitteln vor dem Verzehr erst noch Wasser zugeben. Es gibt auch manchmal frische Nahrung wie Obst, das Versorgungsschiffe oder neue Astronauten zur ISS bringen.

Timothy Peake

Peggy Whitson

Herrliche Aussichten
Manchmal haben die Astronauten auch Freizeit. Dann können sie Filme anschauen, Bücher lesen und E-Mails nach Hause schicken, aber eine der beliebtesten Beschäftigungen ist es, einfach aus dem Fenster auf die Erde zu blicken.

Die Sojus-Rakete

Seit im Juli 2011 das Spaceshuttle-Programm endete, ist die russische *Sojus*-Rakete die einzige Möglichkeit, um Menschen und Ausrüstung zur Internationalen Raumstation (ISS) zu transportieren.

Die *Sojus* gibt es seit 1966. Sie hat mehr Starts hinter sich als jede andere Rakete. Andere Versionen der *Sojus*-Rakete werden auch unbemannt eingesetzt: Sie versorgen die ISS oder bringen Satelliten ins All.

Bei bemannten Starts zwängen sich drei Personen in die enge *Sojus*-Kapsel an der Spitze der Rakete. Sie brachte 2000 die erste Besatzung zur ISS.

Abstiegsmodul
Das Abstiegsmodul ist der einzige Teil der *Sojus*, der zur Erde zurückkehrt. Darin ist wirklich nicht viel Platz!

Landung
Nach dem Wiedereintritt in die Atmosphäre wird das Abstiegsmodul mit dem Fallschirm gebremst. Auch Bremstriebwerke zünden.

Seither ist auch immer ein *Sojus*-Raumfahrzeug an der ISS befestigt, das im Notfall als Rettungsschiff dienen kann.

Weltraumfahrer, die mit der *Sojus*-Rakete starten, befolgen heute noch die Traditionen, die einst Juri Gagarin ins Leben rief. Dazu gehört es, dass sie auf die Hinterreifen des Busses pinkeln, der sie zur Startrampe bringt, und dass sie vor jeder Mission einen Baum pflanzen.

Raketenstart

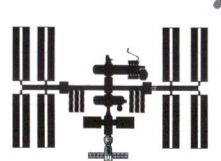
Nach wenigen Stunden dockt das *Sojus*-Raumfahrzeug an die ISS an.

Das *Sojus*-Raumfahrzeug entfaltet die Solarmodule und beginnt die Reise zur ISS.

In rund 200 km Höhe wird die dritte Stufe abgetrennt. Die Besatzung erlebt Schwerelosigkeit.

Auf einer Höhe von 180 km wird die zweite Stufe abgetrennt und die dritte Stufe wird gezündet. Sie gibt den letzten Schub in die Umlaufbahn.

Nach 2 Minuten sind die Boosterraketen der ersten Stufe ausgebrannt und werden abgeworfen. Die Hülle der Kapsel wird 30 Sekunden später entfernt.

Die *Sojus*-Rakete und ihre Besatzung starten in Baikonur (Kasachstan).

Die *Sojus*-Rakete ist sehr zuverlässig. Mit drei Stufen bringt sie das *Sojus*-Raumfahrzeug in die Umlaufbahn. Schon 9 Minuten nach dem Start erreicht die Besatzung den Weltraum!

Raumschiff-Piloten

Eine der aufregendsten Aufgaben für Astronauten ist das Steuern des Raumfahrzeugs. Wer bei der NASA Kommandant werden will, muss zuerst die Ausbildung zum Pilot-Astronauten absolvieren.

Die „Orbitalmechanik" macht das Fliegen im Weltraum sehr schwer. Man muss bremsen, um schneller zu werden, und beschleunigen, wenn man langsamer fliegen will. Das ist sehr verwirrend!

Das Fliegen des Shuttles erforderte drei Techniken: Beim Start flogen die Astronauten eine Rakete, im All einen Satelliten und bei der Rückkehr zur Erde ein Flugzeug.

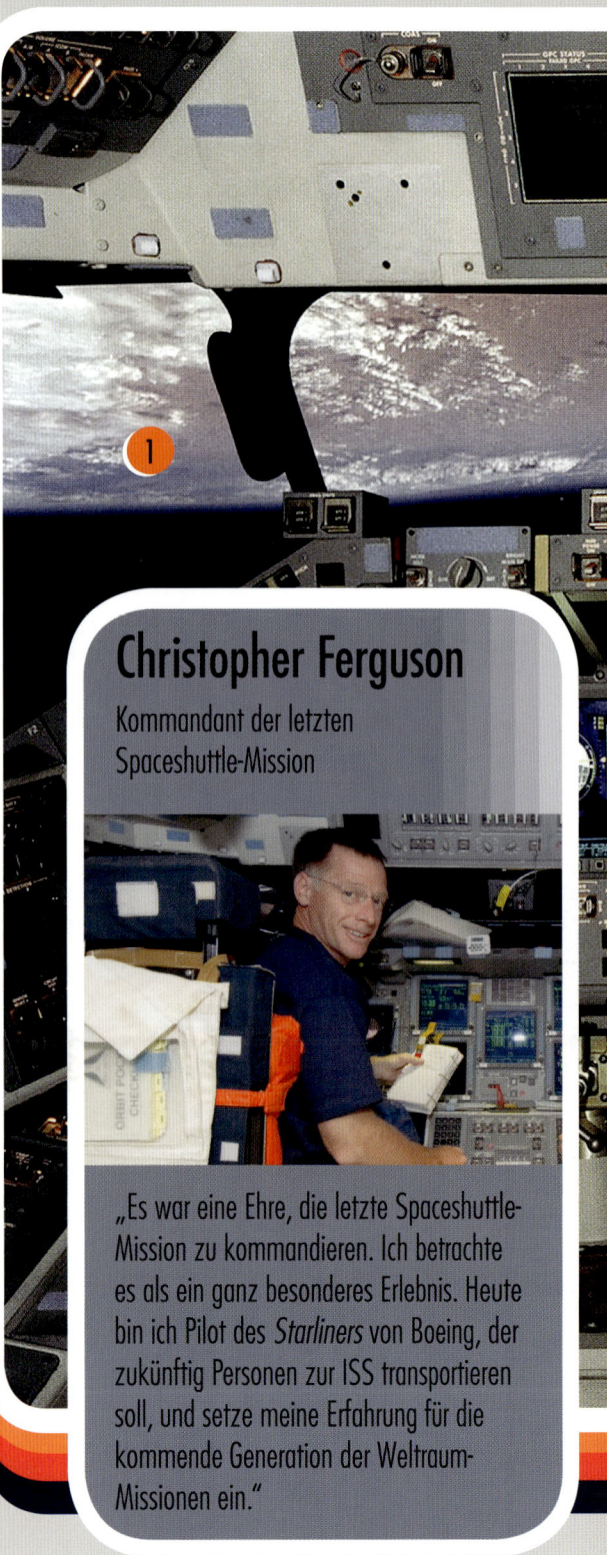

Christopher Ferguson
Kommandant der letzten Spaceshuttle-Mission

„Es war eine Ehre, die letzte Spaceshuttle-Mission zu kommandieren. Ich betrachte es als ein ganz besonderes Erlebnis. Heute bin ich Pilot des *Starliners* von Boeing, der zukünftig Personen zur ISS transportieren soll, und setze meine Erfahrung für die kommende Generation der Weltraum-Missionen ein."

Instrumententafel

1 Fenster
Sie waren zum Schutz der Astronauten aus dreifachem Glas.

2 Orbital-Messwerte
Die Astronauten überwachten hier den Zustand der Computer und Orbitaltriebwerke.

3 Einstecktafel
Hier wurden Laptops angeschlossen, z. B. zur Unterstützung beim Lesen des Flugplans.

4 Schalter
Mit den Schaltern wurde die Steuerung des Raumfahrzeugs bedient.

5 Bildschirme
Sie lieferten den Astronauten Informationen über das Raumfahrzeug.

Eileen Collins
Erste Spaceshuttle-Pilotin und erste Spaceshuttle-Kommandantin

„Anfangs ist das Fliegen schwer, aber sobald man weiß, wie das Spaceshuttle fliegt, und man das Training abgeschlossen hat, wird es recht leicht und macht Spaß. Als Pilotin flog ich das Spaceshuttle gern, weil es so gut reagierte. Als Kommandantin gefiel mir die Verantwortung als Leiterin der Besatzung."

Als Astronaut ist man nicht immer im Weltraum, sondern arbeitet meist auf der Erde. Astronauten müssen vor jedem Einsatz lange trainieren. Außerdem helfen sie bei anderen Missionen oder halten als CAPCOM (Capsule Communicator) im Kontrollzentrum Kontakt mit der Besatzung.

Eine der aufregendsten Aufgaben von Astronauten auf der Erde ist das Leben unter Wasser. Als „Aquanauten" arbeiten sie mit professionellen Tauchern, Wissenschaftlern und Ingenieuren. Das Projekt heißt NASA Extreme Environment Mission Operations (NEEMO, „Aufgaben in extremer Umgebung"). Aquanauten verbringen bis zu 4 Wochen in der Unterwasserbasis *Aquarius*, 19 Meter unter der Meeresoberfläche vor der Küste Floridas (USA). NEEMO ist sehr wichtig.

Tests unter Wasser
Die Aquanautin Serena Auñón-Chancellor erprobt Werkzeuge und Methoden für spätere Außenbordeinsätze.

Aquanauten

Die NASA und auch andere Weltraumorganisationen bereiten sich damit auf die Erforschung anderer Himmelskörper vor.

In der *Aquarius* gibt es für die Aquanauten Stockbetten, einen Esstisch und Labors für Experimente und Forschung. Die Umgebung ist für Menschen vollkommen ungewohnt und die Aquanauten erleben dort viele der Probleme, die Menschen auch auf dem Mond, einem Asteroiden oder anderen Planeten hätten.

Als Training für zukünftige Weltraummissionen sammeln die Aquanauten außerhalb der Basis „Bodenproben" und üben „Weltraumspaziergänge". Die Bedingungen unter Wasser sind denen in der Mikrogravitation des Alls sehr ähnlich.

Ruhezeit
Die Aquanauten Timothy Peake und Steven Squyres machen Pause. Ein paar seltsame Fische sehen ihnen zu!

Drinnen und draußen
Zwei Aquanauten sehen hinaus, während sechs andere vor der *Aquarius* für das Foto der NEEMO-Mission posieren.

Andere Himmels-körper

Unbemannte Raumfahrzeuge liefern uns unglaublich wichtige Erkenntnisse über unser Sonnensystem. Es scheint vielleicht so, als wüssten wir schon viel über den Weltraum, aber in Wirklichkeit wissen wir sehr wenig. Und je mehr wir entdecken, desto mehr neue Fragen tun sich auf.

Während Menschen derzeit nur in der Erdumlaufbahn bleiben, reisen Sonden aus vielen Ländern Milliarden Kilometer weit, um das All genauer zu erforschen. Sie waren wieder auf dem Mond, aber auch bei Kometen und den Gasriesen. Dabei entdeckten sie mögliche flüssige Ozeane auf anderen Monden und lauschten den unheimlichen Geräuschen in der dichten Atmosphäre des Jupiter.

Sie sind unsere Augen und Ohren an Orten, die wir Menschen noch nicht erreichen, und sie erweitern laufend unser Wissen über den Weltraum.

Jadehase auf dem Mond

Chinas Rover *Yutu* („Jadehase") landete 2013 auf dem Mond. Der von der Erde ferngesteuerte *Yutu* sandte hervorragende Farbfotos zurück.

Mickey Maus auf Merkur

Mickey Maus wurde auf dem Merkur gesichtet – oder vielmehr eine Gruppe von Kratern, die so aussehen wie er! Sie wurden von der NASA-Raumsonde *Messenger* entdeckt.

Krater der Venus

Der Krater entstand, als ein Meteorit in die Venusoberfläche einschlug. Dieses Bild wurde aus Daten von zwei sowjetischen *Venera*-Missionen und der NASA-Mission *Magellan* zusammengefügt.

Titan-Oberfläche

Der Saturnmond Titan hat eine Atmosphäre und ähnelt ein wenig einer jungen Erde. Die europäische Sonde *Huygens* fand bei ihrer Landung eine Welt mit einem orangefarbenen Himmel und einer klebrigen, lehmartigen Oberfläche vor.

Philae

Die Landesonde *Philae* reiste mit der Sonde *Rosetta* der Europäischen Weltraumorganisation ESA durch das Sonnensystem und landete 2014 auf der Oberfläche eines Kometen.

LEGO® Minifiguren an Bord von Juno

LEGO® Minifiguren waren schon bei Jupiter! Minifiguren des Gottes Jupiter, seiner Frau Juno und des Forschers Galileo Galilei reisten an Bord der NASA-Sonde *Juno* dorthin.

Der Südpol von Jupiter

Jupiters Südpol ist wunderschön, aber du würdest dort nicht leben wollen. Die Ovale auf dem Foto sind starke Wirbelstürme mit etwa 1000 km Durchmesser. Die NASA-Sonde *Juno* hat sie entdeckt.

Die Ringe des Saturn

Stell dir vor, du tauchst in die Ringe des Saturn ein, so wie es die NASA-Sonde *Cassini* tat! Die Ringe bestehen vor allem aus Eisbrocken in allen Größen, vom Körnchen bis zum Berg.

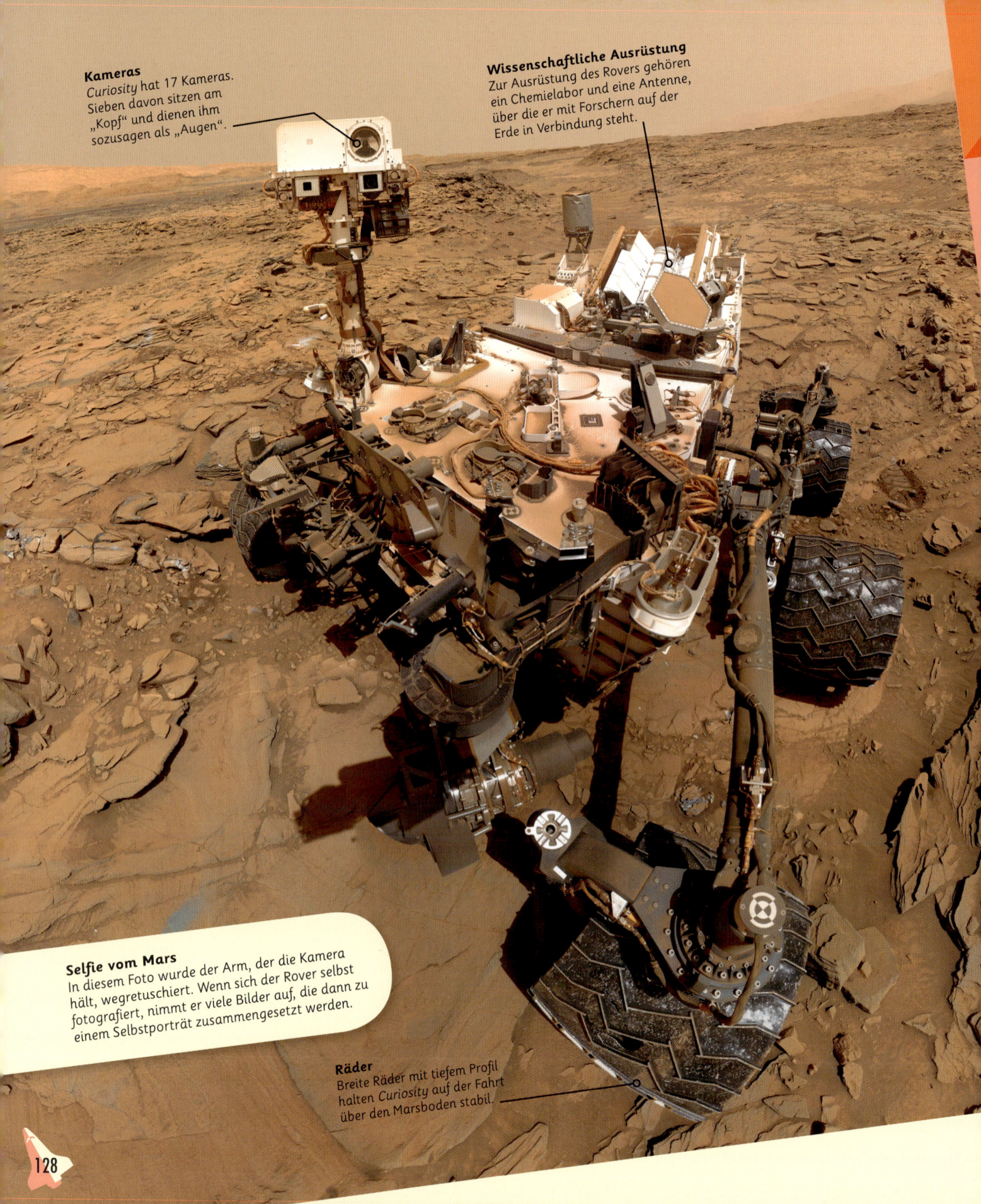

Kameras
Curiosity hat 17 Kameras. Sieben davon sitzen am „Kopf" und dienen ihm sozusagen als „Augen".

Wissenschaftliche Ausrüstung
Zur Ausrüstung des Rovers gehören ein Chemielabor und eine Antenne, über die er mit Forschern auf der Erde in Verbindung steht.

Selfie vom Mars
In diesem Foto wurde der Arm, der die Kamera hält, wegretuschiert. Wenn sich der Rover selbst fotografiert, nimmt er viele Bilder auf, die dann zu einem Selbstporträt zusammengesetzt werden.

Räder
Breite Räder mit tiefem Profil halten Curiosity auf der Fahrt über den Marsboden stabil.

Mars-Roboter

Einer der interessantesten Orte, die Roboter-Sonden bisher besuchten, ist der Planet Mars. Die ersten Sonden, die den Roten Planeten erforschten, waren 1976 die Viking-Sonden der NASA. Sie führten „weiche Landungen" durch, wurden also bei der Landung nicht beschädigt, und sandten Farbfotos zur Erde, die uns zeigten, wie es auf dem Mars aussieht.

Heute befinden sich Roboter auf dem Mars. Sie werden von der Erde aus ferngesteuert und fahren auf der Oberfläche umher. Dabei fotografieren sie und führen Experimente durch. Mithilfe von weiteren Sonden in der Marsumlaufbahn suchen sie nach Wasser, Anzeichen für früheres Leben und vielleicht sogar nach primitiven Lebensformen, die heute noch existieren könnten. Einer der bekanntesten „Marsbewohner" ist der NASA-Rover *Curiosity*, der seit 2012 auf dem Mars unterwegs ist und dort Boden- und Gesteinsproben untersucht.

Roboter werden auch weiterhin den Mars erforschen. So lange, bis wir bereit sind, auch Menschen dorthin zu schicken …

Mars Atmosphere and Volatile EvolutioN (MAVEN)

Die NASA-Sonde *MAVEN* umkreist den Mars. Sie wurde 2013 gestartet und soll die Geschichte der Atmosphäre und des Klimas dort erforschen. Zudem versucht sie herauszufinden, ob Leben auf dem Planeten möglich ist. Das Bild zeigt, wie sich ein Künstler die Sonde in der Umlaufbahn vorstellt.

Frühe Aufnahme des Pluto
Vor der Mission *New Horizons* war dieses verschwommene Bild, aufgenommen vom Hubble-Weltraumteleskop, das beste Foto von Pluto.

Kuipergürtel
Der Kuipergürtel ist eine Region am Rand des Sonnensystems, die etwa wie ein Donut geformt ist. In dieser eiskalten, dunklen Gegend kreisen Billionen eisiger Himmelskörper und Kometen sowie einige Zwergplaneten.

New Horizons
Dies ist ein gemaltes Bild der Sonde New Horizons bei ihrem Anflug auf Pluto. Die Satellitenschüssel dient der Funkverbindung zur Erde.

Neue Horizonte

Die Mission *New Horizons*, die zu Pluto und in den Kuipergürtel führt, zeigt uns Welten jenseits unserer Vorstellungskraft. Es ist eine unglaubliche Reise an die Grenzen des Sonnensystems.

Als die Sonde *New Horizons* 2006 startete, galt Pluto noch als Planet. Ein paar Monate später wurde er als Zwergplanet eingestuft. Die Raumsonde erreichte Pluto, ihr erstes Ziel, nach einem Flug von 4,8 Milliarden Kilometern im Jahr 2015. Jemand hatte Pluto einmal als „langweiligen Felsbrocken" bezeichnet, aber die Sonde entdeckte eine faszinierende Welt. Sie fand ein weites, herzförmiges Gebiet mit gefrorenem Stickstoff, das heute „Tombaugh Regio" heißt.

Heutiges Bild des Pluto
Dank New Horizons wissen wir heute, dass Pluto so aussieht. Die große, herzförmige Region auf diesem vergrößerten Foto erhielt den Namen Tombaugh Regio.

Charon
Dieses vergrößerte Foto zeigt den größten Mond, Charon. Eine lange Schlucht zerfurcht seine Oberfläche.

Blaue Atmosphäre
Nach dem Vorbeiflug richtete New Horizons die Kamera zurück zu Pluto. Die verschwommene blaue Schicht ist die Atmosphäre.

Es gibt dort Vulkane, die wahrscheinlich keine Lava, sondern Eis ausspeien, und die Atmosphäre ist blau. *New Horizons* sandte auch Fotos von Plutos Monden.

Nun erforscht die Sonde den Kuipergürtel. Niemand weiß, was sie dort, in den äußersten Bereichen des Sonnensystems, noch entdecken wird …

„An diese Mission werden sich Menschen noch jahrhundertelang erinnern."
Alan Stern
Hauptinitiator der Mission
New Horizons

Suche nach Planeten

Wir leben in einem Zeitalter der Entdeckungen im Weltraum. Erst seit kurzem wissen wir, dass fast jeder Stern, den wir am Nacht-himmel sehen, einen oder mehrere Planeten hat. Solche Planeten, die andere Sterne umkreisen, heißen Exoplaneten. Die Menschen fragten sich lange, ob es solche Planeten gibt, bis um etwa 1990 die erste Entdeckung bestätigt wurde.

Wir wissen nun, dass viele Sterne auch mehrere Planeten besitzen.

Im Universum wimmelt es nur so von Sonnensystemen. Wir haben sogar Planeten entdeckt, die keinen Stern umkreisen. Diese sogenannten Einzelgängerplaneten ziehen alleine durch das Universum.

Einige Exoplaneten sind Gasriesen, größer als Jupiter. Es gibt Wasser-welten und auch einen Planeten, der aus Diamant besteht. Stell dir nur vor, was es noch alles geben könnte!

Kepler-20e
Dieser Planet ist etwa gleich groß wie die Erde. Er ist seinem Stern aber zu nahe, als dass es auf der Oberfläche flüssiges Wasser geben könnte.

Kepler-Weltraumteleskop

Einige der Exoplaneten wurden mit dem Kepler-Weltraumteleskop entdeckt. Dieses Teleskop kann Planeten wahrnehmen, weil das Licht der Sterne, um die die Planeten kreisen, ein wenig schwächer wird, wenn ein Planet vor ihnen vorbeizieht.

HD 219134 b
Dieser Planet, der etwa 1,6-mal größer ist als die Erde, ist vielleicht ein Gesteinsplanet mit Vulkanen. Er umkreist seinen Stern in nur 3 Tagen.

Der Weltraum war einst die Sache zweier mächtiger Nationen: USA und Sowjetunion. Heute betrifft Raumfahrt fast alle Menschen der Erde.

Die Erforschung des Alls ist eine weltweite Aufgabe und jedes Jahr wächst die Zahl der beteiligten Länder. Nicht nur Weltraumorganisationen der jeweiligen Regierungen wie die NASA senden Raumfahrzeuge ins All – auch kommerzielle Firmen, die mit Weltraumreisen Geld verdienen wollen, sowie Einzelpersonen steigen in die Raumfahrt ein.

Die Reise ins All unterscheidet sich gar nicht so sehr von den Fahrten früherer Entdecker wie Christoph Kolumbus. Er segelte 1492 nach Amerika und viele Europäer folgten ihm nach. Weltraumpioniere wie Juri Gagarin und Neil Armstrong regen heute dazu an, ihnen in den Weltraum zu folgen.

Diese Helden der Raumfahrt eröffneten Ländern ebenso wie Firmen und Einzelpersonen die Möglichkeit, in den Weltraum vorzudringen.

Satelliten in der Umlaufbahn
Wenn du nachts zum Himmel blickst, siehst du vielleicht einen Satelliten. Es gibt mittlerweile beinahe 2000 aktive Satelliten in der Umlaufbahn und die Zahl wächst ständig. Diese Karte zeigt, wie viele Länder mindestens einen Satelliten besitzen.

Legende

Länder mit eigenen Satelliten

Länder, die keine eigenen Satelliten besitzen

SpaceShipOne
In diesem ersten kommerziell genutzten Raumfahrzeug kann nur eine Person fliegen. Bisher wurde es dreimal bis hinauf ins Weltall geflogen.

Michael „Mike" Melvill
Am 21. Juni 2004 wurde Mike Melvill der erste kommerzielle Astronaut der Welt. Er war es, der SpaceShipOne auf dem Flug ins All steuerte.

Der neue Wettlauf

Kommerzielle Crew der NASA
Astronauten der NASA können heute von den USA aus auch in privat gebauten, kommerziellen Raumfahrzeugen starten, die sie in die Erdumlaufbahn und zur ISS bringen.

Indiens Mars-Orbiter-Mission
Indien startete 2013 die erste Mission zum Mars. Die Sonde Mars Orbiter untersucht die Atmosphäre und die Oberfläche des Planeten.

Satellitensystem Galileo
Galileo ist ein globales Navigationssystem mit 26 Satelliten. Es wurde von der Europäischen Weltraumorganisation(ESA) eingerichtet.

Nigerianische Satelliten
Nigeria hat ein wachsendes Satellitennetz. Sie dienen der Kommunikation und dem Internetzugang in ländlichen Gebieten.

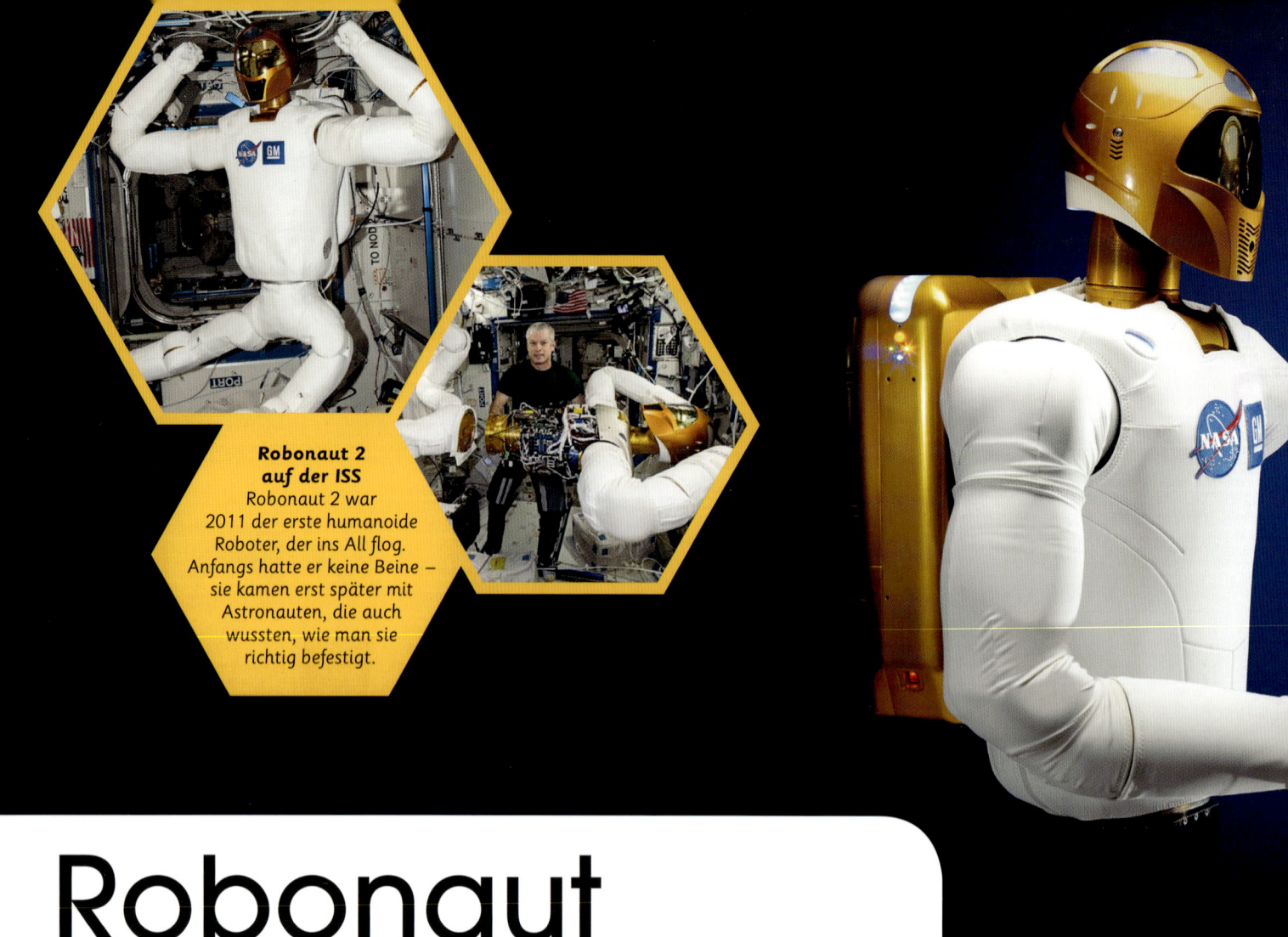

**Robonaut 2
auf der ISS**
Robonaut 2 war
2011 der erste humanoide
Roboter, der ins All flog.
Anfangs hatte er keine Beine –
sie kamen erst später mit
Astronauten, die auch
wussten, wie man sie
richtig befestigt.

Robonaut

Hast du dich je gefragt, wie es wäre, einem Roboter die Hand zu geben? Nun, Astronauten wissen es schon.

Dürfen wir vorstellen? Robonaut. Robonaut wird von der NASA konstruiert und gebaut. Eine Version von Robonaut, der Robonaut 2, war bereits zeitweise auf der Internationalen Raumstation. Robonaut ist ein humanoider Roboter, das heißt, er sieht ähnlich wie ein Mensch aus. Robonauten helfen den Astronauten. Sie erledigen zeitaufwendige oder langweilige Aufgaben (das macht ihnen nichts) und helfen auch, wenn es gefährlich wird.

Wenn wir immer weiter in den Weltraum vordringen, werden robotische Mannschaftsmitglieder immer wichtiger. Robonauten könnten

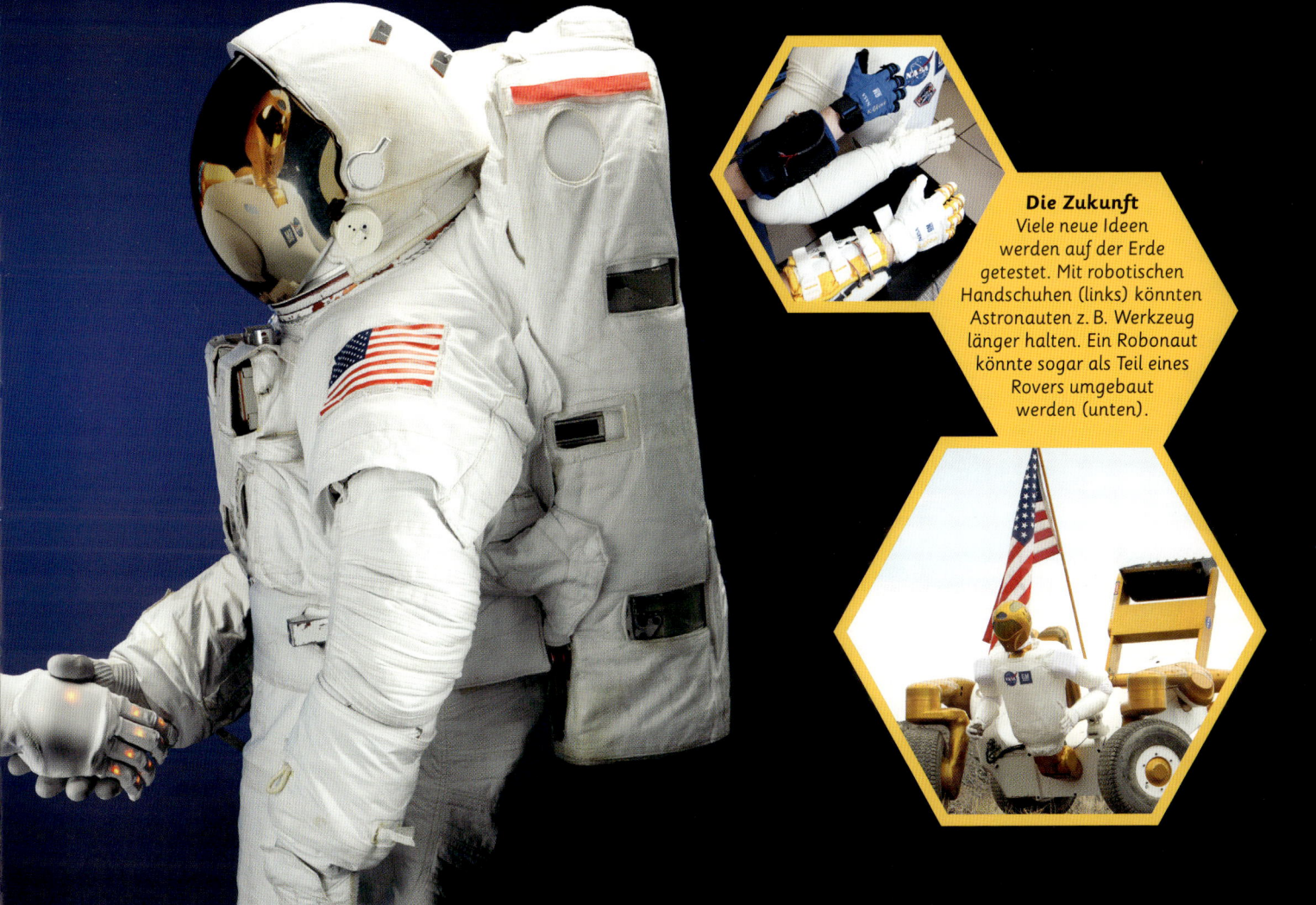

Die Zukunft
Viele neue Ideen
werden auf der Erde
getestet. Mit robotischen
Handschuhen (links) könnten
Astronauten z. B. Werkzeug
länger halten. Ein Robonaut
könnte sogar als Teil eines
Rovers umgebaut
werden (unten).

Vorauskommandos bilden und schon einmal Ausrüstung, Wohnräume und Experimente aufbauen, damit bei der Ankunft der Menschen alles bereitsteht. Man könnte sie auch mit Rädern ausstatten, damit sie sich schneller umherbewegen können.

Astronauten könnten in Zukunft robotische Kleidung tragen und so roboterähnliche Fähigkeiten erhalten.

Die NASA hat schon robotische Handschuhe für Außenbordeinsätze entwickelt, und vielleicht tragen Astronauten bald Roboteranzüge. Diese sogenannten Exoskelette machen den Träger beweglicher und stärker. Und auf der Erde könnten sie Menschen helfen, die nicht gehen können. Die gesamte Robotik, die für den Weltraum entwickelt wird, kann auch das Leben auf der Erde verbessern.

Hier ist die neue Klasse der Raketen. Sie sind größer als alle bisherigen Raketen und gehören zu einer neuen Generation, mit der die Menschheit noch viel größere Abenteuer im Weltraum erleben wird als je zuvor.

New Glenn

Die *New Glenn* von Blue Origin ist eine 99 m hohe, dreistufige Rakete. Blue Origin wird sie einsetzen, um noch mehr Menschen in den Weltraum zu bringen.

Delta IV Heavy

Sie wird von der Firma United Launch Alliance hergestellt und hat z. B. die Solarsonde *Parker* ins All gebracht, die 2018 der Sonne so nah kam wie nie ein Objekt zuvor. Die Rakete ist 72 m hoch, sehr stark und zuverlässig.

Falcon Heavy

Die Rakete *Falcon Heavy* der Firma SpaceX ist 70 m hoch. Sie brachte 2018 ein Auto ins All. Ihre Booster, die ihr beim Start die nötige Schubkraft verleihen, landen wieder auf der Erde und lassen sich wiederverwenden.

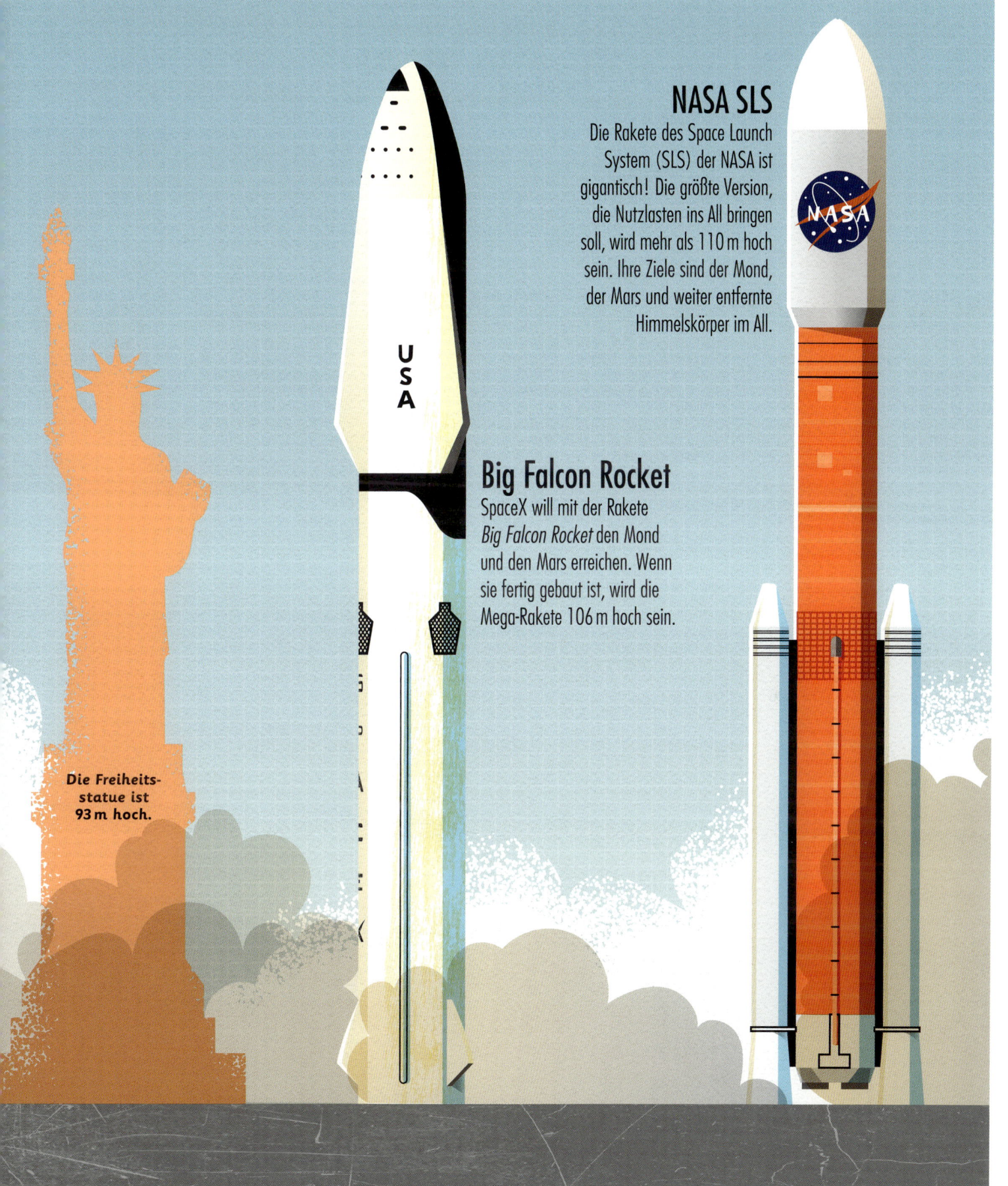

NASA SLS

Die Rakete des Space Launch System (SLS) der NASA ist gigantisch! Die größte Version, die Nutzlasten ins All bringen soll, wird mehr als 110 m hoch sein. Ihre Ziele sind der Mond, der Mars und weiter entfernte Himmelskörper im All.

Big Falcon Rocket

SpaceX will mit der Rakete *Big Falcon Rocket* den Mond und den Mars erreichen. Wenn sie fertig gebaut ist, wird die Mega-Rakete 106 m hoch sein.

Die Freiheits-statue ist 93 m hoch.

USA

Landung auf der Erde

Flugzeuge werden nicht schon nach nur einem Einsatz weggeworfen, aber mit Raketen wurde lange Zeit so verfahren. Heute werden neue Raketen entwickelt, die Satelliten und Raumfahrzeuge in die Umlaufbahn bringen und danach wieder auf einem Rollfeld oder einer Plattform im Meer landen können. Bei manchen Missionen müssen sie im Meer landen, weil der Treibstoff nicht ausreicht, um die Landebahn zu erreichen.

Eines der größten Hindernisse sind die Kosten. Es ist sehr teuer, sowohl Menschen als auch Untersuchungsgeräte ins All zu schicken.

Wiederverwendbare Rakete

Dies sieht zwar fast wie ein Raketenstart aus, es ist aber ein Bild von der Landung der ersten Stufe der *Falcon-9*-Rakete von SpaceX nach einem Weltraumflug.

Die Flotte der Spaceshuttles war zwar wiederverwendbar, aber ihr Betrieb war dennoch sehr teuer – pro Mission lagen die Kosten bei durchschnittlich 450 Millionen US-Dollar.

Unternehmen wie SpaceX und Blue Origin bauen wiederverwendbare Raketen, die Weltraumflüge einfacher und billiger machen. Das freut alle, die ins All reisen wollen oder Ideen für neue Experimente in der Umlaufbahn haben.

Perfekte Landung

Eine der Firmen, die den Landevorgang von Raketen auf der Erde perfektionieren, ist SpaceX. Die Erststufe der *Falcon-9*-Rakete muss von einer Geschwindigkeit von 2,4 km pro Sekunde vollständig abbremsen, damit sie sicher landen kann.

So funktioniert die Landung

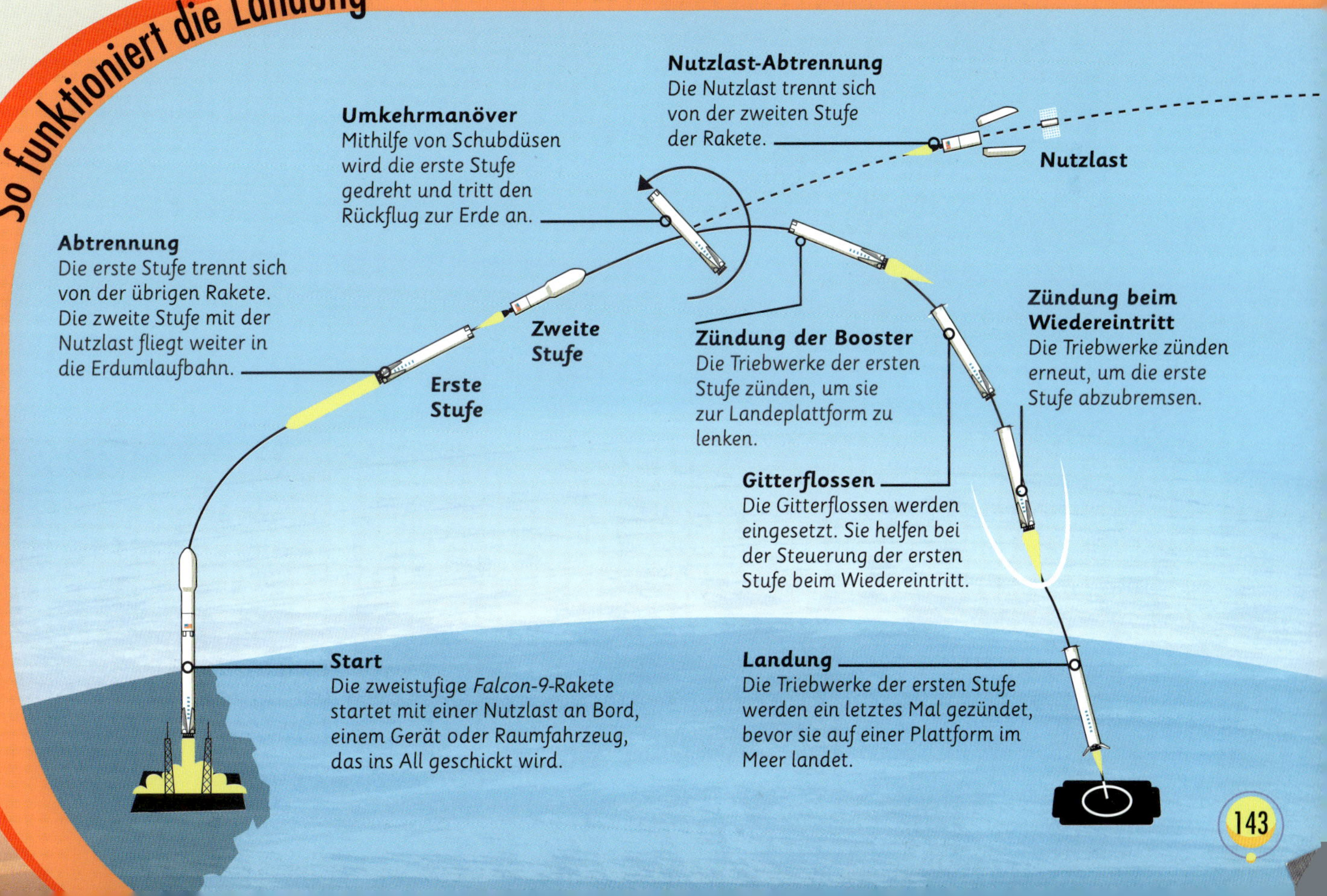

Nutzlast-Abtrennung
Die Nutzlast trennt sich von der zweiten Stufe der Rakete.

Nutzlast

Umkehrmanöver
Mithilfe von Schubdüsen wird die erste Stufe gedreht und tritt den Rückflug zur Erde an.

Abtrennung
Die erste Stufe trennt sich von der übrigen Rakete. Die zweite Stufe mit der Nutzlast fliegt weiter in die Erdumlaufbahn.

Zweite Stufe

Erste Stufe

Zündung der Booster
Die Triebwerke der ersten Stufe zünden, um sie zur Landeplattform zu lenken.

Zündung beim Wiedereintritt
Die Triebwerke zünden erneut, um die erste Stufe abzubremsen.

Gitterflossen
Die Gitterflossen werden eingesetzt. Sie helfen bei der Steuerung der ersten Stufe beim Wiedereintritt.

Start
Die zweistufige *Falcon-9*-Rakete startet mit einer Nutzlast an Bord, einem Gerät oder Raumfahrzeug, das ins All geschickt wird.

Landung
Die Triebwerke der ersten Stufe werden ein letztes Mal gezündet, bevor sie auf einer Plattform im Meer landet.

Musk und

Elon Musk und Jeffrey „Jeff" Bezos sind zwei der reichsten Personen auf der Welt. Sie interessieren sich beide leidenschaftlich für die Raumfahrt und setzen ihren Reichtum für neue Forschungsmethoden ein.

Elon Musk besitzt das Unternehmen SpaceX. Er gründete es, weil er eine Zukunft, in der Menschen das All erforschen, für viel aufregender hält als ein Leben ohne Raumfahrt. SpaceX arbeitet mit der NASA zusammen und bringt in seinem Raumfahrzeug *Dragon* Vorräte und auch Astronauten zur Internationalen Raumstation (ISS).

Musks ultimatives Ziel ist aber der Mars. Er will Menschen zum Roten Planeten schicken und dort auch Kolonien gründen.

SpaceX-Auto

Elon Musk schoss 2018 sein Auto ins All! Im Fahrersitz war eine Puppe im Raumanzug angeschnallt, die den Spitznamen *Starman* („Sternenmensch") trug. Das Auto war eine Test-Nutzlast beim ersten Flug der Rakete *Falcon Heavy* von SpaceX.

Bezos

Das Motto von Jeffrey Bezos lautet *„gradatim ferociter"*, das ist Latein und heißt „Schritt für Schritt, aber fest entschlossen". Es gilt auch für seine Weltraumfirma Blue Origin, die Schritt für Schritt an der Verbesserung der Technologie arbeitet. Das Ziel sind kostengünstigere Weltraumflüge – für Astronauten ebenso wie für Touristen.

Bezos will Fabriken ins All verlegen, damit die Erde wieder sauber wird. Sie sollen mit Solarenergie arbeiten. Nach seiner Vision werden Millionen Menschen im All leben und arbeiten.

Gemeinsam ist Musk und Bezos, dass ihre Ideen anfangs unmöglich schienen, sie diese aber trotzdem weiterverfolgten. Beide zusammen gestalten das neue Weltraumzeitalter.

Raumfahrzeug *New Shepard* von Blue Origin

New Shepard ist nach dem ersten Amerikaner im All, Alan Shepard, benannt. Es ist ein wiederverwendbares Raumfahrzeug. Die Rakete startet und landet aufrecht stehend (vertikal). Sie soll bald Touristen auf Weltraumreisen mitnehmen.

Müll im All

Wohin wir Menschen auch gehen, überall lassen wir Müll zurück, und im Weltraum ist das nicht anders. In der Erdumlaufbahn kreisen bereits mehr als 500 000 Teile Weltraumschrott, die größer als eine Murmel sind. Es sind Raketenteile, kaputte Satelliten und sogar Werkzeuge, die Astronauten bei Weltraumspaziergängen verloren haben.

Eines der größten Probleme ist die Gefahr von Kollisionen, die bei immer mehr Teilen ebenfalls immer größer wird. Wenn zwei Schrottstücke zusammenstoßen und auseinanderbrechen, entstehen noch mehr Müllteile.

Selbst kleine Stücke können sehr gefährlich sein. Da sie sich mit bis zu 28 000 Stundenkilometer um die Erde bewegen, verursachen selbst winzige Teile ernsthafte Schäden an der ISS oder den vielen Satelliten, die für die Menschen am Boden wichtig sind.

Wenn wir weiterhin ins All fliegen wollen, müssen wir uns überlegen: „Wie beseitigen wir dieses Durcheinander?" Schaffen wir das nicht, sind zukünftige Missionen in Gefahr.

Absturz

Weltraumschrott kann auch wieder in die Atmosphäre eintauchen. Die meisten Teile verbrennen dabei zwar, aber einige überstehen den Wiedereintritt. Dies ist der Treibstofftank einer Rakete, der in Texas (USA) am Boden aufschlug.

Müllabfuhr im All

Moderne Satelliten werden so konstruiert, dass sie am Ende ihrer Mission in der Erdatmosphäre verglühen oder aktiven Satelliten aus dem Weg gehen. Ältere Satelliten bleiben aber im All. Eine Idee ist, sie mit einem Netz einzufangen, eine andere wäre, sie mit Harpunen einzuholen. Dann könnte man sie aus der Umlaufbahn abtransportieren und sie so abstürzen lassen, dass sie in der Atmosphäre verbrennen.

Satellit wird im Netz gefangen.

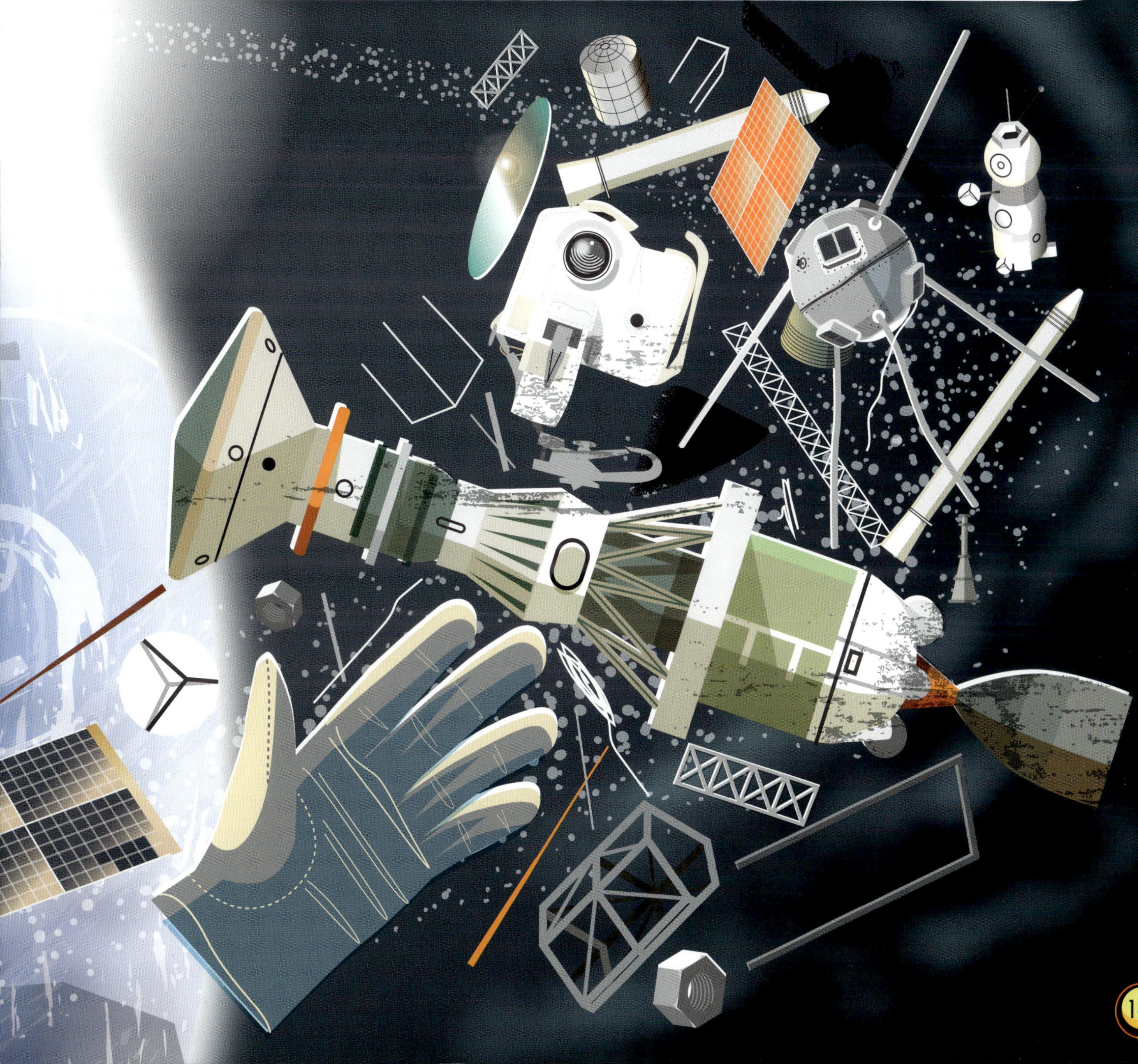

Die dritte Weltraumnation

Drei Nationen können derzeit Menschen ins All bringen: die USA, Russland und China. Uralte chinesische Legenden erzählten bereits von Menschen, die ins All reisten, und die Astronomie sowie die Raketentechnik haben in China lange Tradition. Zu Beginn des 21. Jahrhunderts brachte China schließlich auch einen Menschen ins All.

Die chinesische Rakete „Langer Marsch 2F" kurz vor dem Start im Jahr 2011

Yang Liwei
Im Jahr 2003 war Yang Liwei der erste Mensch, der im Rahmen des chinesischen Weltraumprogramms ins All geschickt wurde. Er startete an Bord der Rakete *Shenzhou 5*.

Liu Yang
Die erste Chinesin, die in den Weltraum flog, war Liu Yang. Sie war Mitglied der Besatzung von *Shenzhou 9*, die 2012 die Erde umkreiste.

Einen chinesischen Astronaut nennt man „Taikonaut". Taikonauten fliegen in der *Shenzhou*-Rakete. Der Name bedeutet „Göttliches Fahrzeug". Wie die USA und Russland setzt auch China für unterschiedliche Missionen verschiedene Raketentypen ein.

Die China National Space Administration (CNSA) sendet nicht nur Menschen und Satelliten ins All, sondern will auch den Mond erreichen. Die Sonde *Chang'e 1* umkreiste 2007 den Mond und erkundete 2013 mit dem Roboterfahrzeug *Yutu* seine Oberfläche.

Anfang 2019 gelang es China mit der Sonde *Chang'e 4* erstmals auf der Rückseite des Mondes zu landen. Zukünftig sollen mit weiteren Sonden der Mars sowie die äußeren Gasplaneten erforscht werden.

Weltraumstation *Tiangong-1*

Tiangong-1 war die erste Raumstation Chinas. Sie war etwa so groß wie ein Schulbus und umkreiste die Erde von 2011 bis 2018. Zweimal wurde sie von einer Taikonauten-Mannschaft besucht und bewohnt.

Zurück zum Mond

Die Mondbasis könnte mit Mondboden bedeckt werden, damit die darin lebenden Menschen vor der Sonnenstrahlung geschützt sind.

Diese Darstellung zeigt das „Monddorf", das die Europäische Weltraumorganisation (ESA) plant – als Nachfolger der ISS.

Eines Tages werden Menschen auf dem Mond leben und arbeiten. Als die *Apollo*-Missionen der NASA 1972 beendet waren, dachte niemand, dass wir so lange nicht zurückkehren würden. Wir haben bei Aufenthalten im All große Fortschritte gemacht – in Raumstationen in der Erdumlaufbahn. Das dadurch gewonnene Wissen wird uns helfen, Männer und erstmals auch Frauen auf den Mond zu bringen. Diesmal wird es aber nicht bei Kurzbesuchen bleiben, sondern wir bauen eine dauerhafte Basis. Da der Mond nur 3 Tage von der Erde entfernt ist, kann man dort die Technologie für Raumflüge zu weiter entfernten Planeten testen.

Weltraumorganisationen und private Unternehmen forschen gerade an der nötigen Technologie dafür.

Astronauten können vom Mond zur Erde aufblicken, so wie du zum Mond!

Neuer Mond-Rover

Wenn wir zum Mond zurückkehren, brauchen wir ein Auto wie den Mond-Rover bei den *Apollo*-Missionen. Die NASA testet verschiedene Autoentwürfe für zukünftige Astronauten und Forscher.

Die Raumanzüge werden denen der *Apollo*-Missionen ähneln, aber ihre Technik wird fortschrittlicher sein.

Roboter werden die Menschen auf dem Mond unterstützen. Mithilfe dieses robotergesteuerten 3-D-Druckers könnte die Mondbasis gebaut werden.

Mond-Museum

Die *Apollo*-Landestellen mit allen Geräten und Hinterlassenschaften der Astronauten sind noch auf dem Mond zu sehen. Da es dort kein Wetter gibt, bleiben die Fußabdrücke jahrtausendelang erhalten. Zukünftige Besucher werden diese Orte besichtigen können und man könnte dort zu Ehren der bahnbrechenden Leistungen der *Apollo*-Missionen ein „außerirdisches" Museum einrichten.

Apollo 11
Apollo 12
Apollo 14
Apollo 15
Apollo 16
Apollo 17
Mond-Rover

MOND-MUSEUM
Eintrittskarte

Wie könnte man im All leben?

Zwischen Erdoberfläche und Weltraum liegen etwa 100 Kilometer. Das All ist also gar nicht so weit weg, aber wir müssen viele Probleme lösen, bevor wir dort wohnen können.

Auf der Erde haben wir alles, was wir zum Überleben brauchen, beispielsweise Luft zum Atmen und Nahrung. Wenn wir krank sind, können wir zum Arzt gehen, wenn wir Durst haben, drehen wir einfach den Wasserhahn auf, und die Erdatmosphäre schützt uns vor der gefährlichen Strahlung aus dem Weltraum.

Auf der Internationalen Raumstation (ISS) werden Astronauten mit Vorräten von der Erde versorgt – mit Luft, Wasser, Brennstoffen und Nahrung. In einem Notfall könnten sie ziemlich schnell zur Erde zurückkehren. Wenn zukünftige Forscher jedoch weiter ins All vordringen wollen, müssen sie soweit sein, dass sie sich rundum selbst versorgen können.

1 Nahrung und Wasser
Auf Forschungsreisen im All werden wir nicht viel Nahrung mitnehmen können. Daher müssen wir lernen, wie Pflanzen in der Schwerelosigkeit wachsen. Wasser gewinnen die Astronauten auf der ISS heute schon – durch Recycling ihres Urins!

3 Gesundheit
Für Notfälle müssen Astronauten medizinische Vorräte mitnehmen. Sie müssen auch lernen, wie man im Weltraum Operationen durchführt, falls ein Unfall passiert.

So stellt sich ein Künstler vor, wie sicht laut den Plänen der NASA Wasser aus dem Boden gewinnen lässt.

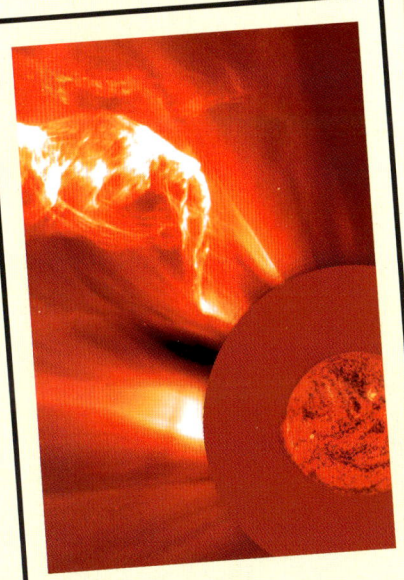

2 Schutz vor Strahlung

Geladene Teilchen von der Sonne sind für Weltraumfahrer eine große Gefahr. Eine der besten Schutzmethoden ist eine Schicht Wasser rund um ein Raumfahrzeug. Auch Kunststoff würde zusätzlichen Schutz bieten.

4 Selbstversorger

Auf der Erde nutzen wir die vorhandenen Rohstoffe wie Wasser und Boden. Wenn wir auf dem Mond oder Mars überleben wollen, muss uns das dort auch gelingen.

5 Isolationstraining

Auf einer langen Weltraum-Mission wärst du mit deiner Mannschaft ganz alleine. Da wir zuerst herausfinden müssen, wie sich diese Isolation auf Menschen auswirkt, üben Astronauten das heute bereits in extremen Umgebungen wie der Antarktis.

6 Wohnen im All

Zukünftige Astronauten könnten in aufblasbaren Wohnungen leben. Diese bräuchten im Raumfahrzeug kaum Platz, was die Transportkosten verringern würde. Außerdem könnte man mehr mitnehmen.

7 Wiederverwendete Raketen

Vollständig wiederverwendbare Raketen werden die Kosten und Probleme der Weltraumforschung senken. In Zukunft könnte ein Team, das in der Umlaufbahn stationiert ist, Missionen in weit entfernte Regionen unterstützen.

Das Modul BEAM (Bigelow Expandable Activity Module) auf der ISS ist ein Beispiel für aufblasbaren Wohnraum.

Gesucht: Asteroiden-schürfer

Asteroiden
Asteroiden sind Brocken aus Stein, Metall, Staub und Eis. Sie sind Überreste aus der Zeit vor etwa 4,5 Mrd. Jahren, als sich das Sonnensystem bildete.

Bergbau-Raumschiff
Raumfahrzeuge, die für Asteroiden-Bergbau geeignet sind, könnten die Brocken erforschen und herausfinden, wo sich der Bergbau am ehesten lohnt.

Neuerdings versuchen Forscher zu ergründen, wie man im All wertvolle Rohstoffe gewinnen könnte. Zwischen Mars und Jupiter liegt der Asteroidengürtel, in dem sich die meisten Asteroiden des Sonnensystems befinden. Davon gibt es dort über eine Million, teilweise enthalten sie seltene Metalle wie Platin oder Gold. Gelänge es, diese dort abzubauen, könnte man sicherlich sehr reich werden.

Das Anhäufen von Reichtum ist aber nicht der Hauptgrund für Erzgewinnung im All. Einige Asteroiden und auch der Mond enthalten gefrorenes Wasser. Die beiden Elemente Wasserstoff und Sauerstoff, aus denen das Eis besteht, sind für Weltraumfahrer sehr wichtig, weil sie in Raketentreibstoff umgewandelt werden können.

In Zukunft könnten Asteroiden und der Mond also als „Tankstellen" im All dienen: Dort könnten Raumfahrzeuge noch einmal auftanken, bevor sie weiter ins Sonnensystem vordringen.

OSIRIS-Rex

Die NASA startete 2017 das Raumfahrzeug *OSIRIS-Rex*. Es soll den Asteroiden Bennu besuchen, eine Bodenprobe zurückbringen und so den Wissenschaftlern mehr Erkenntnisse über den Aufbau der Asteroiden liefern. Zudem dient es der Entwicklung wichtiger Technologien zur Asteroidenforschung, die zukünftige Schürfer brauchen werden.

Urlaub im All

Seit Beginn des Wettlaufs ins All um etwa 1950 träumen die Menschen davon, ihren Urlaub im Weltraum zu verbringen. Heute ist dieser Traum schon beinahe Wirklichkeit – die ersten Touristen waren bereits auf der Internationalen Raumstation (ISS).

In naher Zukunft werden viel mehr von uns ins Weltall fliegen. Reiseveranstalter werden Ausflüge anbieten, die nur ein paar Stunden dauern. Die Weltraumtouristen werden die Erde von weit oben sehen und die Schwerelosigkeit erleben. Allerdings werden die Reisen zunächst noch sehr teuer sein.

Was heute geschieht, unterscheidet sich nicht sehr von den ersten zahlenden Flugzeugpassagieren. Anfangs kosteten die Reisen sehr viel, aber als die Technik weiterentwickelt und Flüge billiger wurden, konnten immer mehr Menschen mitfliegen. Das Gleiche gilt für Weltraumreisen. Eines Tages wird es möglich sein, an Bord eines Raumfahrzeugs auf Urlaubsreise zu einem anderen Planeten zu fliegen.

Ziel:

In Vorbereitung

World View

Heben Sie mit *World View* bis an die Grenzen des Weltraums ab. Genießen Sie ein Dinner mit herrlichen Ausblicken aus unserer Ballonkapsel, danach gleiten Sie sanft zurück zur Erde.

Ziele der Zukunft

Jupiter

★★★ **3988 Bewertungen**

Polarlichter können Sie nicht nur auf der Erde erleben. Auch der Jupiter bietet dieses leuchtende Naturschauspiel – die großartigsten Polarlichter im gesamten Sonnensystem.

Blue Origin

Starten Sie mit der Raumkapsel *New Shepard* und fliegen Sie höher als 100 km. Sie werden für 15 Minuten Schwerelosigkeit erleben, bevor die Kapsel sanft am Fallschirm zur Erde zurückkehrt.

Virgin Galactic

Kommen Sie an Bord von *SpaceShipTwo* und verweilen Sie ein wenig im Weltraum. Das Raumschiff wird von dem Flugzeug *WhiteKnightTwo* in die Luft getragen. Dort zündet es seine Raketen und fliegt weiter ins All.

Titan

★★★★★ **2895 Bewertungen**

Fliegen Sie zum größten Saturnmond, Titan, und erleben Sie, wie die Erde aus-gesehen haben mag, bevor sich auf ihr die ersten Lebewesen entwickelten.

Kepler-186f

★★★★★ **2654 Bewertungen**

Erleben Sie Kepler-186f – einen Planeten außerhalb unseres Sonnensystems, auf dem es vielleicht rotes Gras gibt!

Wenn wir Menschen tiefer ins Sonnensystem vordringen und andere Monde oder Planeten erreichen wollen, brauchen wir 3-D-Drucker, damit wir aus den Materialien der Umgebung alles Nötige herstellen können.

Astronauten können dann viele Dinge wie Werkzeuge, Teile für Experimente oder medizinische Gegenstände selbst herstellen und müssen nicht von der Erde versorgt werden. Das ist eine wichtige Voraussetzung für weite Reisen ins All.

Am Ende könnten ganze Weltraumstädte so gebaut werden. Und auch empfindliche Dinge, die auf der Erde wegen der Schwerkraft nur schwer herstellbar sind, könnten im Weltraum mit einem 3-D-Drucker gedruckt und dann auf die Erde gebracht werden.

Wie funktioniert der 3-D-Druck?

Auf der Erde erzeugen 3-D-Drucker die Dinge meist aus Kunststoff. Der Kunststoff wird erhitzt, sodass er schmilzt. Der flüssige Kunststoff fließt aus der Düse und baut den Gegenstand Schicht für Schicht von unten nach oben auf. Wenn wir ferne Planeten erforschen werden, finden wir dort wahrscheinlich andere Materialien, die sich für den 3-D-Druck eignen.

Die Eule wurde auf der Erde im 3-D-Drucker erzeugt.

Gravimeter

Dieser Schwerkraft-Messer war der erste privat finanzierte Gegenstand, der in einem 3-D-Drucker im Weltraum hergestellt wurde. Er ist aber nur das erste von vielen solchen Dingen, die Unternehmen in Zukunft im Weltraum produzieren werden. Ein Gravimeter zeigt den Astronauten an, wann sie die Mikrogravitation erreicht haben: Es schwebt dann frei im Raum.

Gedrucktes Werkzeug

Als der Astronaut Barry Wilmore seinen Schrauben-schlüssel verlor, schuf er sich mit einem 3-D-Drucker auf der ISS einen neuen. So musste er nicht auf Nach-schub von der Erde warten.

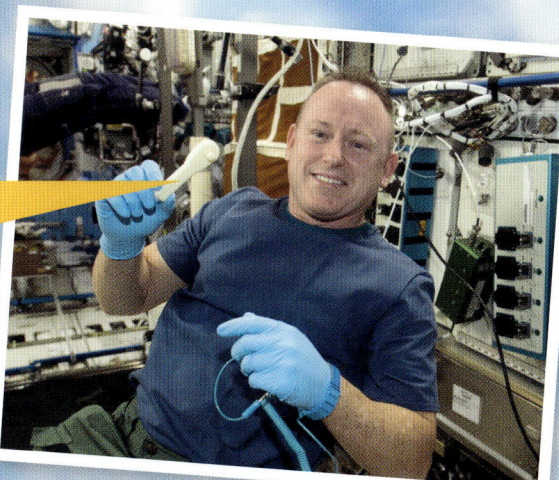

Barry „Butch" Wilmore mit dem Schraubenschlüssel aus dem 3-D-Drucker

Neue Anzüge

NASA

Dieser Raumanzug heißt *Z-2*. Er wird von der NASA für zukünftige Mars-Missionen entwickelt. Er ist sehr leicht, beweglich und widersteht den rauen Umweltbedingungen auf dem Roten Planeten. Da Schultern und Taille verstellbar sind, passt er für alle Größen.

SpaceX

Diesen Raumanzug trägt die Mannschaft der *Dragon*-Raumkapsel von SpaceX. Er ist sehr bequem und lange nicht so klobig wie die herkömmlichen Raumanzüge, aber er eignet sich auch nicht für den Gebrauch außerhalb eines Raumfahrzeugs.

Raumanzüge machen das Unmögliche möglich: Menschen können darin bei Weltraumspaziergängen außerhalb des Raumfahrzeugs und auf dem Mond überleben. In Zukunft können Menschen damit wohl auf anderen Planeten umherspazieren. Raumanzüge schützen Astronauten auch im Notfall während des Starts oder der Landung auf der Erde.

Wenn wir das All weiter erforschen, werden wir Menschen an Orte vordringen, wo noch nie jemand war, und auch mehr Zeit an Orten wie dem Mond verbringen. Daher

BioSuit™

Dieser Anzug wurde von Prof. Dava Newman am Massachusetts Institute of Technology (MIT) in den USA entwickelt. BioSuit™ ist ein hautenger Raumanzug, der wie eine zweite Haut getragen wird. Da er sehr leicht ist, können sich die Astronauten darin besonders gut bewegen.

Boeing

Hier trägt der Astronaut Christopher Ferguson einen Raumanzug für das Raumfahrzeug *Starliner* von Boeing. Er wiegt rund 9 kg und hat einen weichen Helm mit Visier, der am Anzug befestigt ist. Mit den Handschuhen kann man Touchscreens bedienen.

werden sich Raumanzüge auch immer weiterentwickeln müssen.

Moderne Raumanzüge sind immer noch klobig, aber technische Fortschritte könnten das ändern. In Zukunft sind sie wohl leichter und man wird sich viel besser bewegen können, aber sie werden die Astronauten auch weiterhin gut schützen.

Schutz gegen Staub

Eines der größten Probleme der *Apollo*-Astronauten war der Mondstaub. Ihre Anzüge wurden sehr staubig, aber ihre Missionen dauerten glücklicherweise nur wenige Tage. Wenn Astronauten länger auf dem Mond bleiben sollen, brauchen sie Anzüge, die dem Mondstaub besser widerstehen.

Du weißt es vielleicht nicht, aber der Weltraum beeinflusst unseren Alltag. Auch wenn es nicht die Zukunft ist, die sich die Menschen um 1960 vorstellten: Wir leben in einem Weltraumzeitalter. Viele technische Geräte hängen von Satelliten im All ab und viele Dinge, die für die Raumfahrt erfunden wurden, nutzen wir jeden Tag. Die Weltraumforschung hat das Leben auf der Erde verbessert.

Wettervorhersage
Einige Satelliten in der Erdumlaufbahn beobachten das Wetter. Sie ermöglichen zuverlässige Wettervorhersagen und untersuchen extreme Wetterereignisse wie Wirbelstürme sehr genau.

Zukunft auf Erden

NASTRAN
Mit der Software NASTRAN, die ab 1960 von NASA-Ingenieuren entwickelt wurde, wurden einsatzfähige Raumfahrzeuge entwickelt und Strukturanalysen durchgeführt. Heute werden damit große Maschinen getestet, z. B. Flugzeuge, Atomreaktoren und auch Achterbahnen.

Feuerwehr-Ausrüstung
Hitzebeständige Materialien, die die NASA für Raumanzüge entwickelte, schützen heute auch Feuerwehrleute bei ihrer Arbeit.

GPS
Satelliten im Weltraum liefern die Daten für unsere Navigationssysteme im Auto und die Landkarten von Smartphones. Wenn du ein Smartphone hast, steht es regelmäßig mit Satelliten in Verbindung!

Brille und digitale Kamera
Kratzfeste Gläser, die das Sonnenlicht filtern, sind Forschungsprodukte der NASA, ebenso wie die Idee einer digitalen Kamera. Das Wort „Pixel" gebrauchte der NASA-Ingenieur Frederic Billingsley erstmals 1965.

Medizin
Die Arbeit mit Robotik auf der ISS beeinflusst medizinische Entwicklungen auf der Erde. Roboter-Technologie wird inzwischen auch bei komplizierten Operationen eingesetzt.

Landwirtschaft
Nahrung und Landwirtschaft haben vom Weltraum profitiert. Satellitenbilder zeigen den Bauern an, wie die Pflanzen auf den Feldern wachsen, und lassen auch erkennen, ob die Kultur von Krankheiten befallen ist.

Warum Mars?

Das nächste große Ziel der Weltraumforschung ist der Mars. Der Planet war früher vermutlich viel wärmer und feuchter. Wir haben so viele unbeantwortete Fragen: Gab es dort früher Leben? Könnten sogar noch einfache Lebewesen existieren? Wenn es Leben gab, was passierte damit? Seit Jahrhunderten stellen wir uns diese Fragen. Zu ihrer Beantwortung brauchen wir viele Erkenntnisse.

Durch Roboter haben wir zwar Einiges erfahren, aber sie können Menschen nicht ganz ersetzen. Wenn wir sicher wissen wollen, ob es auf dem Mars einst Leben gab, müssen wir dort hinfliegen. Und nicht nur mögliches Leben ist interessant – auch ein besseres Verständnis der Geologie des Mars könnte uns genauer erklären, wie die Erde und die anderen Planeten des Sonnensystems entstanden sind.

Wie groß ist Mars?

Mars ist kleiner als die Erde, aber es gibt dort auch Jahreszeiten. Ein Jahr (die Zeit, in der ein Planet einmal um die Sonne kreist) dauert viel länger, weil der Mars weiter von der Sonne entfernt ist. Ein Tag (die Zeit, in der sich ein Planet einmal um seine Achse dreht) ist auf dem Mars aber fast gleich lang wie auf der Erde.

Südpol
Die Sonde Mars Express der ESA entdeckte 2018 flüssiges Wasser unter dem Mars-Südpol.

Nordpol
Der Mars hat Pole wie die Erde. Dort gibt es auch Eis aus gefrorenem Wasser.

Marsoberfläche
Auf dem Mars gibt es Schluchten, trockene Flussbetten und den größten Vulkan im Sonnensystem: Olympus Mons. Manchmal fegen gewaltige Staubstürme über den Planeten. Sie führen so viel Staub mit sich, dass sie durch Teleskope auf der Erde erkennbar sind. Mars hat eine viel dünnere Atmosphäre als die Erde und wir könnten dort nicht atmen.

Olympus Mons

Zwei Monde
Der Mars hat zwei Monde, Phobos und Deimos, aber sie sehen ganz anders aus als unser Mond. Sie sind klein und unregelmäßig geformt, wahrscheinlich waren sie Asteroiden, die von der Schwerkraft des Mars eingefangen wurden.

Phobos

Deimos

Unsere Neugier ist einer der Hauptgründe, warum wir den Mars besuchen wollen. Die Menschheit ist in ihrer ganzen Geschichte nicht weiter ins All hinausgelangt als bis zum Mond. Wenn wir Menschen auf den Mars bringen würden, wäre das der erste Schritt zur weiteren Erforschung des Sonnensystems.

Eine Mission zum Mars wird nicht leicht sein. Viele Probleme müssen überwunden werden – darunter die Auswirkungen der Sonnenstrahlung und der anhaltenden Schwerelosigkeit auf den Körper. Derzeit entwickeln Regierungsorganisationen wie die NASA und auch private Unternehmen Ideen, wie Menschen zum Roten Planeten reisen könnte.

Erdposition bei der Landung auf Mars

Erde

Marsumlaufbahn

Erdumlaufbahn

1

Die Erde verlassen
Zu Beginn des Abenteuers wird sich die Besatzung von Familie und Freunden verabschieden. Sie starten vermutlich in einer kleinen Raumkapsel und koppeln an ein größeres Raumfahrzeug an, das in der Erdumlaufbahn zusammengebaut wurde.

2

Lange Reise
Auf dem Flug durchs All werden Erde und Mond kleiner. Langweilig wird es nicht, weil die Besatzung sich um ihr Raumfahrzeug kümmern und trainieren muss. In der Freizeit kann sie z. B. Filme ansehen.

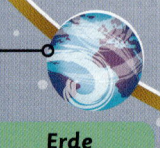

Erde

Die Reise zum Mars

Die Reise zum Mars wird mindestens 6 Monate dauern. Mars ist an seinem nächsten Punkt etwa 54 Millionen Kilometer von der Erde entfernt. Während der Dauer des Fluges werden Erde und Mars sich auf ihren Umlaufbahnen um die Sonne weiterbewegen und daher ihre Position verändern.

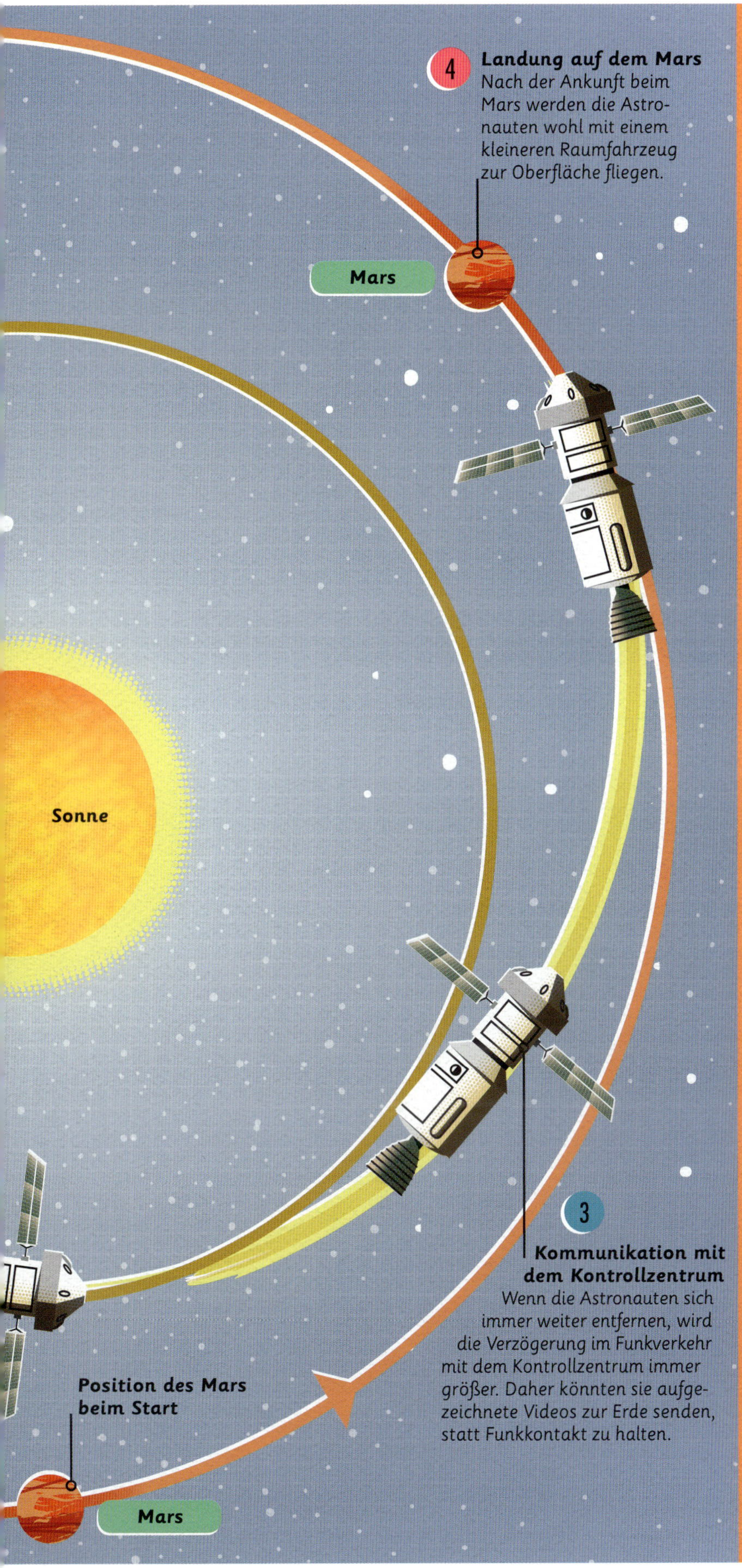

4 **Landung auf dem Mars**
Nach der Ankunft beim Mars werden die Astronauten wohl mit einem kleineren Raumfahrzeug zur Oberfläche fliegen.

Mars

Sonne

3

Kommunikation mit dem Kontrollzentrum
Wenn die Astronauten sich immer weiter entfernen, wird die Verzögerung im Funkverkehr mit dem Kontrollzentrum immer größer. Daher könnten sie aufgezeichnete Videos zur Erde senden, statt Funkkontakt zu halten.

Position des Mars beim Start

Mars

Landung

Das Landen auf dem Mars ist extrem schwierig, kein Vergleich zu einer Landung auf dem Mond oder auf der Erde. Der Mars hat eine dünne Atmosphäre, sodass man nach dem Eintritt nicht so gut bremsen kann. Zwei Bilder zeigen, wie sich Künstler die Landung des Raumfahrzeugs *Dragon* von SpaceX auf dem Mars vorstellen.

Dragon von SpaceX bei der Landung

Dragon von SpaceX nach der Landung

Menschen auf dem Mars

Stell dir vor, wie es wäre, mindestens 6 Monate lang durch das Sonnensystem zu reisen und zu sehen, wie die Erde immer kleiner wird, bis sie nur noch ein Punkt am Himmel ist. Du bist dann weiter von zu Hause entfernt, als je ein Mensch vor dir. Wenn du mit der Besatzung dann den Mars erreichst, seht ihr die staubige, rote Landschaft vor euch.

Ihr steigt durch die dünne Atmosphäre ab. Gebremst werdet ihr zuerst von einem großen Fallschirm und dann von Raketen. Ihr erreicht sicher die Oberfläche. Es dauert ein paar Tage, bis ihr euch an die niedrige Schwerkraft gewöhnt habt (etwa ein Drittel der Erdschwerkraft). Dann kommt der Augenblick, in dem ihr den Raumanzug anlegt, die Tür öffnet und den ersten Schritt unternehmt.

Millionen Menschen auf der Erde werden zusehen, wie dein Fuß zum ersten Mal Marsboden berührt – so, wie bei Neil Armstrong und Edwin „Buzz" Aldrin. Du bist der erste Mensch, der den Planeten betritt. Was wären deine ersten Worte?

Sonnenuntergang auf dem Mars
Der Marshimmel ist rosarot, aber die Sonnenuntergänge sind blau. Das Foto stammt vom Rover *Curiosity*, aber eines Tages werden Menschen die blauen Sonnenuntergänge mit eigenen Augen sehen.

Leben auf dem Mars

Eines Tages werden Menschen auf dem Mars leben und arbeiten. Anders als bei den Mondmissionen werden sie mehr als nur Flaggen und Fußabdrücke hinterlassen.

Das Ziel ist eine feste und dauerhaft bewohnte Basis auf dem Mars – ein erster Außenposten der Menschheit auf einem fremden Planeten. Die Basis soll als Ausgangspunkt für weitere Forschungsreisen dienen. Wenn wir auf dem Mars leben können, werden wir vielleicht Schritt für Schritt auch andere Planeten bevölkern.

Als wir Menschen auf der Erde in neue Gebiete vorgedrungen sind, passten wir uns an die Gegebenheiten an. Das muss uns auch auf dem Mars gelingen. Wir müssen die dortigen Rohstoffe nutzen – das nennt man „In-situ-Ressourcennutzung". Eine der wichtigsten Ressourcen auf dem Mars ist Wassereis. Daraus könnte man Treibstoff gewinnen und man könnte es für den Hausbau verwenden. Zudem kann Wassereis die Astronauten vor gefährlicher Strahlung schützen. Derzeit ist man dabei die Technologie zur Nutzung des Eises zu entwickeln.

Pflanzen zur Ernährung

Die Kultur von Pflanzen ist für Astronauten sehr wichtig, weil sie Nahrungsmittel anbauen müssen, damit sie so weit weg von der Erde überleben können. Zudem helfen Pflanzen bei der Verbesserung der Lebensbedingungen: Sie verwandeln das Kohlendioxid, das wir ausatmen, in Sauerstoff um, den wir wieder einatmen können.

Eishaus auf dem Mars
Dieses von der NASA entworfene Iglu ist aufblasbar und von einer Hülle aus Wassereis umgeben. Es müsste vor der Ankunft von Astronauten von Robotern aufgebaut werden.

Isolierung
Eine Schicht Kohlendioxidgas innerhalb der Wände des Eishauses hält die Innentemperatur konstant. Die Isolierung schützt die Astronauten vor der extremen Witterung auf dem Mars. Auch Kohlendioxid ist als Rohstoff bereits auf dem Mars vorhanden.

Sind wir alleine?

Energie
Ohne die Sonne wäre auf der Erde kein Leben möglich. Sie ist unsere dauerhafte Energiequelle.

Unser Planet
Die Erde ist einzigartig, weil sie der einzige Ort ist, an dem sicher Leben existiert.

Rohstoffe
Die erforderlichen Rohstoffe für Leben gibt es auf der Erde überall, z. B. im Boden.

Die Erde von Weitem
Würde ein starkes Teleskop auf der Suche nach Planeten aus weiter Entfernung auf die Erde gerichtet, würde sie so aussehen.

Enceladus
Enceladus ist ein gefrorener Mond des Saturn. Wir nehmen an, dass sich unter seiner vereisten Oberfläche ein flüssiger Ozean verbirgt.

Europa
Der Jupiter-Mond Europa hat eine vereiste Oberfläche mit Hinweisen auf einen flüssigen Ozean darunter.

Die Erde erforschen

Das Universum ist riesig und es gibt viele Orte, an denen wir nach Leben suchen könnten. Wenn wir die Erde besser kennenlernen, auch die extremen Orte wie die Tiefen des Ozeans, an denen es Leben gibt, können wir im Weltraum gezielter nach Leben Ausschau halten.

Was ermöglicht Leben?

Damit Leben so wie wir es kennen existieren kann, müssen drei wichtige Dinge vorhanden sein: eine Energiequelle, flüssiges Wasser und Rohstoffe (wie Sauerstoff, Stickstoff und Kohlenstoff). Wenn Wissenschaftler nach Leben suchen, achten sie auf diese drei Voraussetzungen.

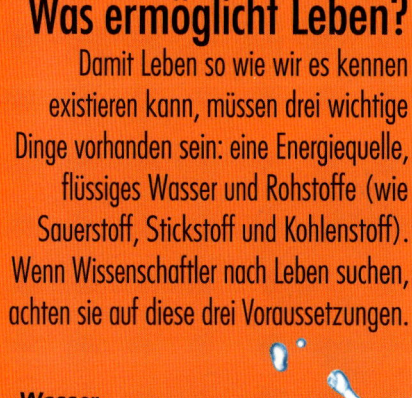

Wasser
Flüssiges Wasser ist für das Leben, unentbehrlich. Es ermöglicht wichtige Veränderungen zwischen den Rohstoffen.

Leben im Sonnensystem

Selbst wenn wir auf dem Mars kein Leben entdecken, könnte es noch anderswo im Sonnensystem Leben geben. Die Wissenschaftler suchen z. B. auch auf den Monden anderer Planeten.

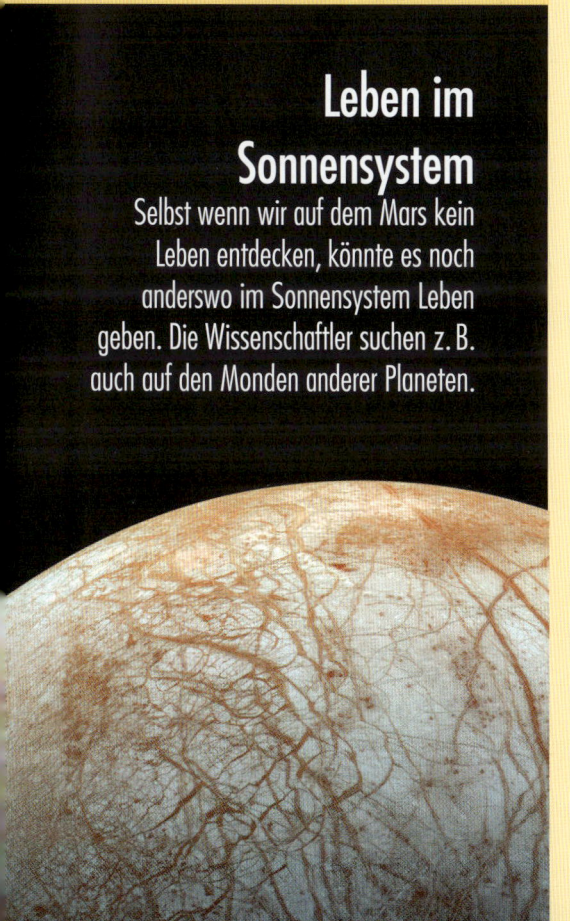

Eine der größten unbeantworteten Fragen lautet: „Sind wird alleine im Universum?" Derzeit kennen wir nur das Leben auf der Erde. Wir haben noch keine außerirdischen Lebewesen entdeckt, und sie haben uns auch noch nicht gefunden – soweit wir wissen!

Es ist jedoch eher unwahrscheinlich, dass wir ganz alleine sind. Selbst an den extremsten Orten auf der Erde kann Leben existieren. Wir wissen außerdem, dass es im Universum sehr, sehr viele Planeten gibt. Aber bis wir tatsächlich Leben gefunden haben – oder die Außerirdischen uns finden – können wir nur Vermutungen anstellen.

Das SETI-Institut („Search for Extra Terrestrial Intelligence", „Suche nach außerirdischer Intelligenz") in Kalifornien (USA) geht diesen Vermutungen nach. Es sucht nach Beweisen für außerirdisches Leben. SETI-Wissenschaftler halten Ausschau nach Orten, an denen Leben möglich sein könnte. Gleichzeitig halten sie Ausschau nach Signalen von Außerirdischen.

Die Forscher vermuten, dass es sogar anderswo in unserem Sonnensystem Leben geben könnte. Wenn sich die Theorie bestätigt, würde die Wahrscheinlichkeit steigen, dass auch außerhalb unseres Sonnensystems Leben entstanden ist. Versuch dir nur einmal vorzustellen, was es dort alles geben könnte!

Science-Non-Fiction

Tablet
Die Serie *Star Trek* aus der Zeit um 1966 spielte in einer Zukunft, in der Menschen durchs All reisen, und es gab Tablet-ähnliche elektronische Klemmbretter.

Roboterarm
Der Science-Fiction-Film *2001: Odyssee im Weltraum* kam 1968 ins Kino. Er sah zukünftige Raumfahrzeuge mit Roboterarmen voraus.

Vorstellung

Vorstellung

Tablet
Heute werden Tablets sehr häufig benutzt. Es sind tragbare Computer, mit denen man das Internet nutzen, E-Mails senden und spielen kann.

Roboterarm
Zum ersten Mal kam ein Roboterarm 1981 im Weltraum zum Einsatz. Heute verfügt die ISS über den Roboterarm Canadarm2.

Wirklichkeit

Wirklichkeit

Seit Langem denken sich die Leute verrückte Ideen über die Zukunft aus, und einige wurden Wirklichkeit! Man könnte der Science-Fiction auch seherische Fähigkeiten zuschreiben, weil schon so viele Fantasieprodukte später tatsächlich verwirklicht worden sind.

Science-Fiction-Autoren, Wissenschaftler und Künstler erfinden oft Dinge, lange bevor es sie gibt. Viele Ideen scheinen heute unmöglich, aber das gilt nicht für immer.

Einige frühere Ideen wurden einst verlacht. Wer hätte vor 500 Jahren

Hubschrauber

Der italienische Künstler und Erfinder Leonardo da Vinci dachte sich bereits im späten 15. Jahrhundert eine hubschrauberähnliche Maschine aus.

Vorstellung

Fernsehen

Die ersten Fernsehgeräte waren groß und klobig. Die Figuren in der Zeichentrickserie *Die Jetsons* hatten aber schon Geräte mit flachem Bildschirm.

Vorstellung

Roboter

Die Zeichentrickserie *Die Jetsons* aus dem Jahr 1962 spielte in einer fernen Zukunft. Die Familie hatte einen Haushalts-Roboter.

Wirklichkeit

Hubschrauber

Das erste hubschrauberähnliche Fluggerät flog 1907 nur 1 Minute lang. Heute werden Hubschrauber überall auf der Welt eingesetzt.

Wirklichkeit

Fernsehen

Heute hat beinahe jeder einen Flachbildschirm zu Hause. Sie haben eine viel bessere Bildqualität als die alten, klobigen Geräte.

geglaubt, dass es je Hubschrauber oder Roboter geben würde? Trotzdem sind sie heute Wirklichkeit.

Manchmal sehen die Dinge, die aus den Ideen entstehen, nicht genau so aus, wie sie sich die Leute vorstellten, aber das ist ja das Aufregende!

Roboter

Dieser Staubsauger-Roboter surrt in der Wohnung umher und reinigt den Boden, während du gemütlich auf der Couch sitzt.

Wirklichkeit

Raumfahrt-Jobs

In der Weltraum-Industrie gibt es zahlreiche Arbeitsstellen. Man muss nicht Astronaut werden. Tausende von Menschen hier auf der Erde unterstützen sowohl bemannte als auch unbemannte Missionen.

Wenn wir in Zukunft weiter ins All vordringen, wird es vielfältige Jobs geben. Wir brauchen Ingenieure, die Roboter bauen, Reiseveranstalter, bei denen man Urlaub im All buchen kann, und Ärzte, die die Weltraumreisenden gesund halten.

Es werden außerdem neue Personengruppen ins Weltall fliegen, etwa Leute, die gut bauen oder Pflanzen kultivieren können. Für erfolgreiche Unternehmungen müssen die Teilnehmer außerdem gut miteinander auskommen.

WIR SUCHEN DICH!

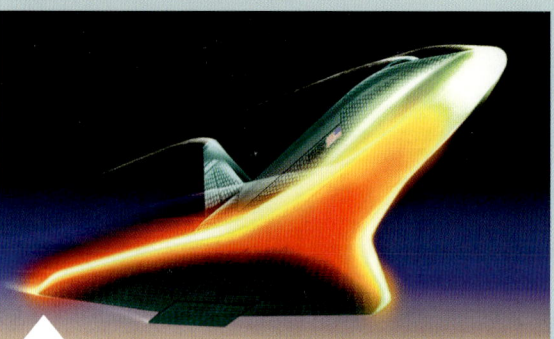

Raumfahrzeug-Designer

Stell dir vor, ein Raumfahrzeug, das du entwickelt hast, wird für eine Mission zum Mond, Mars oder gar zu einem Asteroiden eingesetzt! Es gibt bereits Designer für unbemannte und bemannte Raumflugkörper. Wenn wir noch weiter ins Weltall vordringen, werden wir viele gut ausgebildete Ingenieure und Designer für die nächste Generation von Raumfahrzeugen brauchen, um die neuen Herausforderungen zu bewältigen.

Lehrer

Jeder Astronaut wurde von einem Lehrer geprägt und heute arbeiten die Astronauten an Bord der ISS mit Lehrern auf der Erde zusammen, um Kindern und Jugendlichen zu zeigen, wie aufregend Weltraumflüge sind. Unterricht über den Weltraum und in den MINT-Fächern (Mathe, Informatik, Naturwissenschaften und Technik) ist sehr wichtig, wenn wir weiter forschen wollen. Eines Tages wird der Unterricht vielleicht sogar in der Erdumlaufbahn, auf dem Mond oder gar auf dem Mars stattfinden!

Gärtner

Zukünftige Astronauten können nicht nur von mitgeführten Vorräten leben — vor allem, wenn sie sich weit von der Erde entfernen. Bei kommenden Missionen werden Leute gebraucht, die wissen, wie man Nahrungsmittel kultiviert. Sie müssen wissen, wie man unter extremen Bedingungen Pflanzen anbauen kann, beispielsweise auf dem Mond oder in der Mikrogravitation.

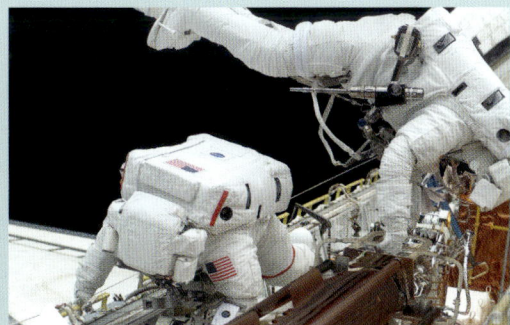

Bautechniker

Für den Bau der ISS mussten die Astronauten Außenbordeinsätze durchführen können, und auch heute werden alle Reparaturen noch auf diese Weise erledigt. Wenn die Menschen zum Mond und später zum Mars fliegen, brauchen sie Leute, die gut bauen können, damit sie dauerhafte Basisstationen einrichten.

Interview mit einer Testpilotin bei Virgin Galactic

Kelly Latimer (Mitte)

Name: Kelly Latimer   **Aufgabe:** Testpilotin bei Virgin Galactic

Wie haben Sie diese Stelle erhalten?
Vor dieser Aufgabe war ich Testpilotin in der US-Air-Force, bei der NASA und dann bei Boeing. Ich hatte schon sehr viel Erfahrung in meinem Beruf und bin mit vielen verschiedenen Flugzeugen geflogen. Das hat mir geholfen, die Stelle bei Virgin Galactic zu bekommen.

Was finden Sie an Ihrem Beruf so aufregend?
Die Möglichkeit, ins All zu fliegen ... sogar ziemlich oft!

Wie bekomme ich einen solchen Job?
Eine gute Bildung ist wichtig, vor allem in Mathe und den Naturwissenschaften. Dann musst du sehr viele Flugstunden in möglichst vielen verschiedenen Flugzeugen absolvieren.

Was erhoffen Sie sich für den Weltraumtourismus?
Derzeit ist das noch etwas sehr Außergewöhnliches. Wir müssen noch daran arbeiten. Ich hoffe, dass es irgendwann eine ganz normale Reise sein wird, die jeder machen kann. Und ich hoffe auch, dass der Tourismus zu mehr Forschung führt.

Schiff der Zukunft

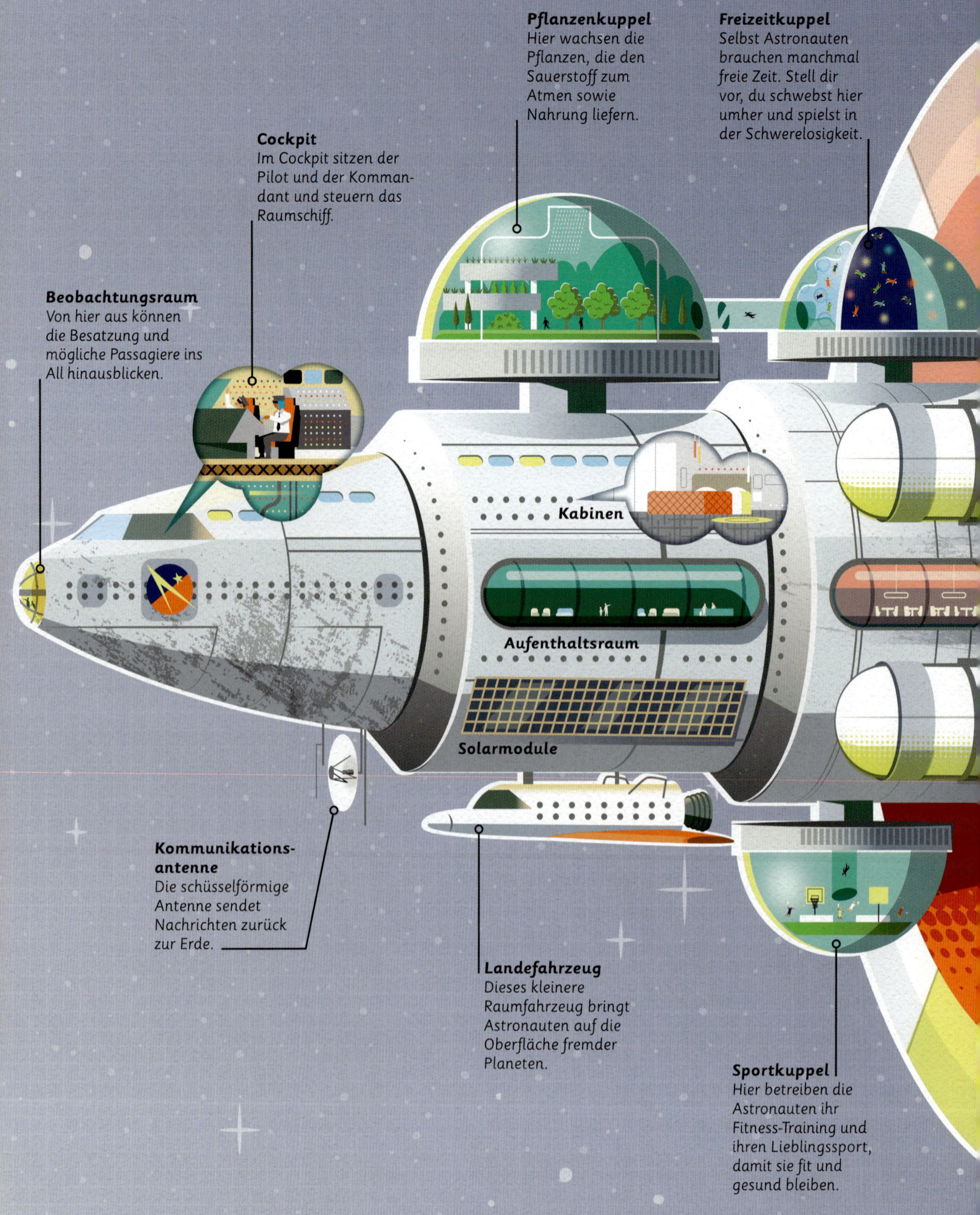

Pflanzenkuppel
Hier wachsen die Pflanzen, die den Sauerstoff zum Atmen sowie Nahrung liefern.

Freizeitkuppel
Selbst Astronauten brauchen manchmal freie Zeit. Stell dir vor, du schwebst hier umher und spielst in der Schwerelosigkeit.

Cockpit
Im Cockpit sitzen der Pilot und der Kommandant und steuern das Raumschiff.

Beobachtungsraum
Von hier aus können die Besatzung und mögliche Passagiere ins All hinausblicken.

Kabinen

Aufenthaltsraum

Solarmodule

Kommunikationsantenne
Die schüsselförmige Antenne sendet Nachrichten zurück zur Erde.

Landefahrzeug
Dieses kleinere Raumfahrzeug bringt Astronauten auf die Oberfläche fremder Planeten.

Sportkuppel
Hier betreiben die Astronauten ihr Fitness-Training und ihren Lieblingssport, damit sie fit und gesund bleiben.

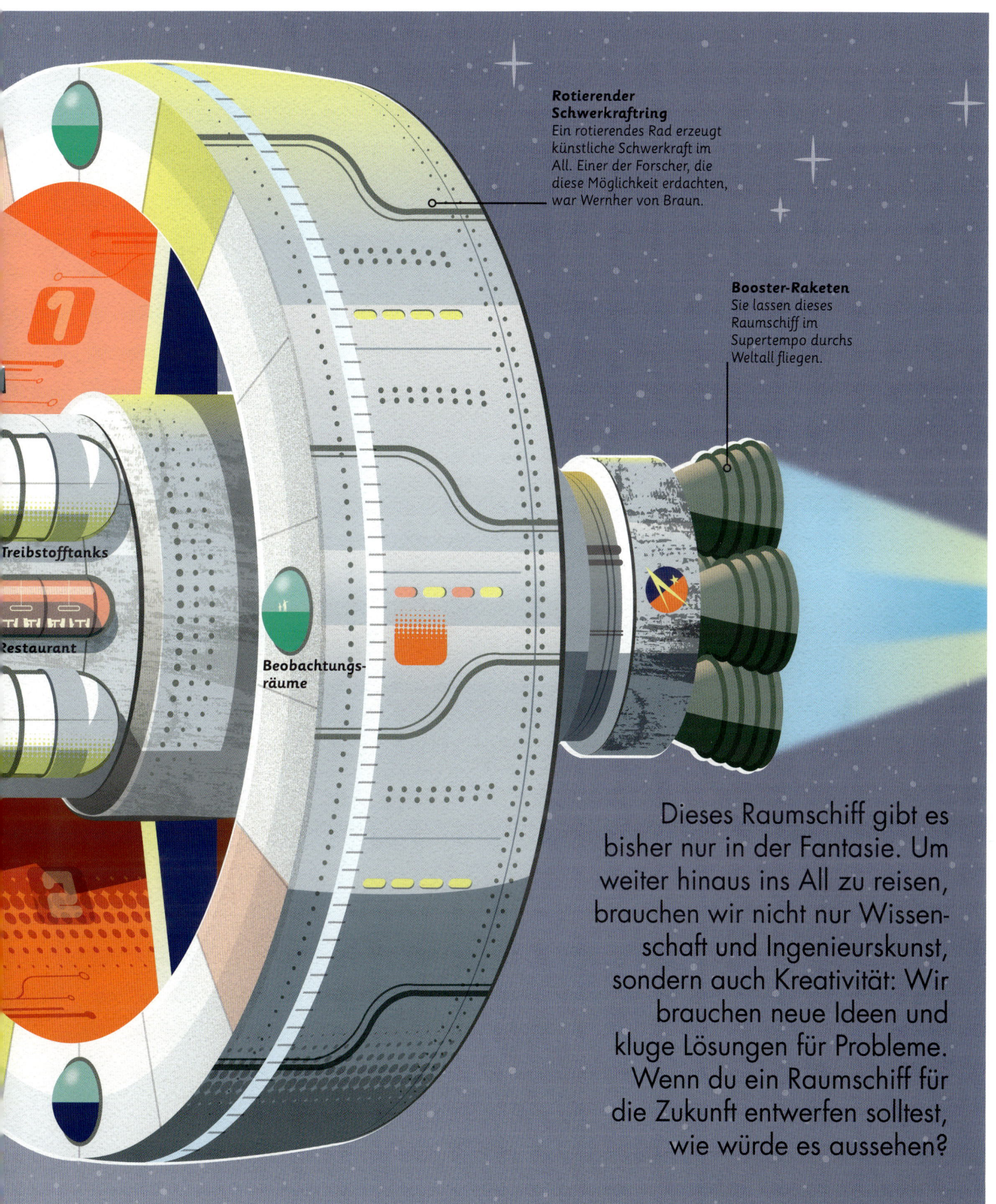

Rotierender Schwerkraftring
Ein rotierendes Rad erzeugt künstliche Schwerkraft im All. Einer der Forscher, die diese Möglichkeit erdachten, war Wernher von Braun.

Booster-Raketen
Sie lassen dieses Raumschiff im Supertempo durchs Weltall fliegen.

Treibstofftanks

Restaurant

Beobachtungsräume

Dieses Raumschiff gibt es bisher nur in der Fantasie. Um weiter hinaus ins All zu reisen, brauchen wir nicht nur Wissenschaft und Ingenieurskunst, sondern auch Kreativität: Wir brauchen neue Ideen und kluge Lösungen für Probleme. Wenn du ein Raumschiff für die Zukunft entwerfen solltest, wie würde es aussehen?

Blick vom Saturn auf die Erde

Erde

In dem roten Kreis auf dem Foto ist die Erde als kleiner Punkt zu sehen — so, wie sie vom Saturn aus wirkt. Es wurde 2013 von der Raumsonde *Cassini* aus einer Entfernung von 1,44 Milliarden Kilometern aufgenommen.

Wurmloch

So stellt sich ein Künstler ein Wurmloch vor, durch das in Raumschiff fliegt. Wurmlöcher sind theoretische Abkürzungen durch das All, aber wir haben noch keine Beweise dafür, dass es sie wirklich gibt. Wenn ja, könnten wir die riesigen Entfernungen im All vielleicht doch in der Lebenszeit eines Menschen zurücklegen.

Reise ins Weltall

Da draußen wartet ein ganzes Universum darauf, von uns erforscht zu werden. Die Erde ist nur ein Planet, der in einer Ecke einer kleinen Galaxie unter vielen Milliarden Galaxien einen ganz normalen Stern (die Sonne) umkreist.

Eines Tages werden Menschen an Bord eines Raumschiffs gehen und unser Sonnensystem durchqueren. Stell dir vor, du blickst aus dem Fenster und siehst Jupiter oder fliegst an Pluto mit seinen Eisvulkanen vorbei. Du würdest Kometen aus der Nähe sehen und zurück zur Erde blicken, die nur noch wie ein kleiner Stern am Nachthimmel zu erkennen wäre. Heute erscheinen diese Dinge unmöglich, aber das wird nicht immer so bleiben.

Die Menschen werden das Sonnensystem verlassen und tiefer ins All vordringen. Dazu müssen wir neue, schnellere Antriebstechnologien finden, damit wir auch die Planeten anderer Sterne erreichen. Die Geschichte unserer Abenteuer im All beginnt erst.

Sorgen um das Raumschiff Erde

Gleichgültig, wohin ins All wir fliegen, die Erde wird immer unsere Heimat bleiben.

Wenn man es genau betrachtet, ist die Erde auch so etwas wie ein Raumschiff – und wir sind die Passagiere! Über 7 Milliarden Menschen und alle anderen Lebewesen teilen sich diese Heimat.

Durch die Weltraumforschung lernen wir auch sehr viel über die Erde. Die Satelliten, die wir hinaufschicken, zeigen uns, wie sich das Klima des Planeten verändert, und da gibt es schlechte Nachrichten. Die Temperaturen steigen ungewöhnlich schnell, weil so viel schädliche Gase in der Atmosphäre sind. Die Gründe dafür sind die Umweltverschmutzung und die Abholzung der Wälder.

Die Reise ins All ist das Bedeutendste, was die Menschheit je tun wird. Nicht nur wegen des Abenteuers, sondern auch, weil es unseren Blick auf die Erde verändert. Eines Tages leben vielleicht Menschen auf anderen Planeten, aber die Erde bleibt unsere Heimat. Wir müssen gut für das Raumschiff Erde sorgen.

Der unglaubliche Planet
Aus dem Weltraum können wir erkennen,
wie wahrhaft unglaublich und einzigartig
unser Planet ist. Dieses Foto zeigt den
Hubbard-Gletscher in Alaska (USA).

Die Erdatmosphäre

Unser Planet ist eine zerbrechliche, blaue Oase. Er ist
wunderschön und hat alles, was wir zum Leben brauchen.
Aus dem All können Astronauten erkennen, wie dünn die
Erdatmosphäre ist, die uns mit Atemluft versorgt und uns
vor der starken Strahlung der Sonne schützt.

183

In unserer Geschichte haben wir immer Dinge erreicht, die vorher unmöglich schienen. Noch vor einem knappen Jahrhundert war auch das Fliegen nur ein Traum. Seither haben zwölf Menschen den Mond betreten. Heute ist das Fliegen für uns selbstverständlich und alle, die nach dem November 2000 geboren sind, wissen nicht mehr, wie es war, als noch nicht ständig Menschen im All arbeiteten.

Unsere Abenteuer im All werden sich ebenso schnell entwickeln wie die Technologie. Das Universum liegt vor dir, bereit erforscht zu werden! Es ist wundersam und birgt viel mehr Rätsel, als du dir vorstellen kannst.

Während deiner Lebenszeit werden wir zum Mond zurückkehren und zum Mars aufbrechen. Der erste Mensch, der den Mars betreten wird, geht jetzt gerade zur Schule.

Eugene Cernan, der bisher letzte Mensch auf dem Mond, sagte: „Träume das Unmögliche und sorge dafür, dass es passiert. Ich stand auf dem Mond – was kannst du nicht?"

Fortsetzung folgt …

Fußabdruck auf dem Mars
Dieses Bild eines Künstlers zeigt,
wie der erste Fußabdruck aussehen könnte, den ein Mensch auf
der Marsoberfläche hinterlässt.

Glossar

andocken
Zwei Raumfahrzeuge verbinden sich im Weltraum, sodass man umsteigen kann.

Asteroid
Himmelskörper aus Stein, Metall und Eis, der die Sonne umkreist.

Astronaut
Ein Mensch, der ins All fliegt.

Atmosphäre
Die Luftschicht um einen Himmelskörper.

Außenbordeinsatz
Ein Astronaut verlässt ein Raumfahrzeug im All, meist für Reparaturen oder zum Testen von Ausrüstungsgegenständen.

Booster-Rakete
Kleine Rakete, die einer größeren Rakete beim Start mehr Schubkraft verleiht.

Crew
Die Besatzung eines Raumfahrzeugs.

ESA
European Space Agency — Europäische Weltraumorganisation.

Exoplanet
Planet, der einen anderen Stern umkreist.

Galaxie
Riesige Gruppe von Sternen, Staub und Gas, die durch die Schwerkraft zusammengehalten wird.

Komet
Himmelskörper aus Eis und Staub, der in Sonnennähe einen Schweif entwickelt.

Kommando-/Servicemodul (CSM)
Mannschaftskabine des *Apollo*-Raumfahrzeugs, in der die Astronauten auf dem Flug zum Mond lebten und arbeiteten.

Kosmonaut
Die russische Bezeichnung für *Astronaut*.

Kuipergürtel
Ring aus kleinen, eisigen, felsigen Himmelskörpern außerhalb der Neptunbahn.

künstlich
Von Menschen hergestellt.

Laboratorium
Raum für wissenschaftliche Experimente.

Luftschleuse
Enger, luftdichter Raum, durch den Astronauten ein Raumfahrzeug oder eine Raumstation betreten oder verlassen.

lunar
Etwas, das mit dem Mond zu tun hat (*luna* ist lateinisch für „Mond").

Meteorit
Brocken aus Stein, Metall oder Eis, der auf der Oberfläche eines Himmelskörpers einschlägt.

Mikrogravitation
Zustand, in dem Schwerkraft zwar vorhanden, aber sehr schwach ist. In der Mikrogravitation im Weltall schweben Dinge schwerelos umher.

Milchstraße
Die Galaxie, in der wir leben.

Modul
Teil einer Weltraumstation, der sich mit anderen Teilen verbinden lässt.

Mond
Himmelskörper, der einen Planeten umkreist.

Mondlandefähre
Der Teil des *Apollo*-Raumfahrzeugs, der als Landefähre auf dem Mond landete.

NASA
National Aeronautics and Space Administration — Weltraumbehörde der USA.

Nebel
Wolke aus Staub und Gas im All, in der häufig Sterne geboren werden.

Nutzlast
Ladung, die von einer Rakete ins All gebracht wird, wie Vorräte oder Satelliten.

Orbit
Die Umlaufbahn eines Himmelskörpers um einen anderen, dessen Schwerkraft ihn festhält – der Mond befindet sich z. B. im Erdorbit.

Planet
Großer, kugelförmiger Himmelskörper, der einen Stern umkreist.

Rakete
Maschine, die sich durch starke Schubkraft selbst in den Weltraum befördern kann.

Raumanzug
Besonders gestalteter, luftdichter Anzug, der Astronauten im Weltraum schützt.

Raumfahrzeug
Fahrzeug, das durchs All fliegen kann.

Raumsonde
Unbemanntes Raumfahrzeug, das andere Himmelskörper erforschen und Informationen zur Erde senden soll.

Raumstation
Ein großes Raumfahrzeug, in dem Astronauten leben und Experimente durchführen.

Roter Planet
Umschreibung für den Planeten Mars, denn sein Boden ist durch Eisenoxid (Rost) rot gefärbt.

Rover
Fahrzeug auf der Oberfläche eines anderen Planeten oder Mondes.

Satellit
Himmelskörper oder künstliche Maschine, die einen Planeten oder Mond umkreist.

Schwerkraft
Die Kraft, die Dinge zueinander hin zieht. Sie hält Monde auf ihrer Bahn um Planeten.

Simulation
Eine kontrollierte Übung für eine Situation, die vielleicht eintritt – z. B. zur Durchführung von Experimenten auf dem Mond.

solar
Etwas, das mit der Sonne zu tun hat (*sol* ist lateinisch für „Sonne").

Sonnensystem
Die Sonne und alle Himmelskörper, die sie umkreisen.

Sowjetunion
Kommunistischer Staat, der von 1922 bis 1991 in Osteuropa existierte.

Stern
Riesige glühende Gaskugel, z. B. die Sonne.

Strahlung
Energiestrahlen, die schädlich sein können.

Teleskop
Ein Fernrohr, mit dem man weit entfernte Himmelskörper beobachten kann.

Testpilot
Pilot, der testet, ob Flugzeuge funktionieren.

Universum
Der gesamte Weltraum mit allen Bestandteilen.

Verbindungsleine
Seil, das einen Astronauten bei einem Außenbordeinsatz festhält.

Wurmloch
Ein theoretisch möglicher Durchgang im Weltraum, der zwei sehr weit entfernte Orte miteinander verbinden könnte.

Zwergplanet
Himmelskörper, der um die Sonne kreist, aber zu klein ist, um als Planet zu gelten.

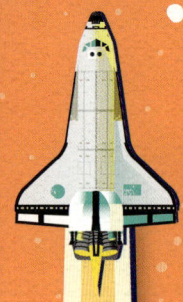

Register

Dank und Bildnachweis

Die Autorin

Sarah Cruddas studierte Astrophysik. Die Britin arbeitet als Weltraum-Journalistin, Moderatorin und Autorin. Sie ist oft im britischen Fernsehen zu sehen, schreibt und hält weltweit Vorträge über die Bedeutung der Weltraumforschung. Sie hält die Raumfahrt für das Bedeutendste, was die Menschheit je leisten kann, und hofft, die nächste Generation von Wissenschaftlern, Ingenieuren und Astronauten begeistern zu können.

Für große Unternehmungen braucht man ein hervorragendes Team, daher dankt Sarah dem Team von DK für die Verwirklichung dieses Buchprojekts. Vor allem dankt sie Sam Priddy, Lucy Sims und Katie Lawrence für ihre intensive Arbeit, Zeit und Geduld. Ein Dank geht auch an Sarah Larter, weil sie an die Idee glaubte, und an alle, die sich für dieses Buch interviewen ließen. Weiterer Dank geht an Julie und Andrew McDermott von Space Lectures, Emily Holmes, Kathi Schmier und alle, die Hilfe und Unterstützung leisteten.

Dieses Buch ist für alle Menschen, die sich der Erforschung des Weltalls widmen. Sie ermöglichen unsere Zukunft.

Dorling Kindersley dankt Jaileen Kaur für die Koordination der hochauflösenden Bilder und Helen Peters für das Register.

Zitate: S. 32–33 John F. Kennedy, Rede im Stadion der Rice University, 12. September 1962. Die Zitate von Eugene Cernan auf den Seiten 90–91 und 184–185 stammen aus *The Last Man on the Moon* © Mark Stewart Productions.

Der Verlag dankt folgenden Personen und Organisationen für die freundliche Genehmigung zum Abdruck von Fotos:

(Abkürzungen: o=oben, u=unten, m=Mitte, l=links, r=rechts, g=ganz, Hg=Hintergrund)

6 Alamy Stock Photo: NG Images (ml). **NASA:** JSC (mlo, ul); KSC (gol). **8-9 NASA. 12-13 NASA:** JPL-Caltech (mu). **13 NASA:** ESA. **16 Alamy Stock Photo:** D Hale-Sutton (gol). **Getty Images:** thipjang (mlo). **16-17 Alamy Stock Photo:** Science History Images (gom). **17 Alamy Stock Photo:** Granger Historical Picture Archive (gom); Historic Collection (ml); Moviestore collection Ltd (mu); World History Archive (mr). **18 Alamy Stock Photo:** Granger Historical Picture Archive (m). **19 Alamy Stock Photo:** Chronicle (ml); Granger Historical Picture Archive (gol); Science History Images (mr). **20 Alamy Stock Photo:** Chronicle (gom). Getty Images: SVF2 (mro). NASA: MSFC (mru). **21 Getty Images:** Hulton Archive (mu); ullstein bild Dtl. (gol); Topical Press Agency / Stringer (mlu). **NASA:** MSFC (mo). **22 NASA:** MSFC. **23 Science Photo Library:** Sputnik. **24 Alamy Stock Photo:** Granger Historical Picture Archive (ru). **25 Getty Images:** Bettmann (ru); Bill Bridges / The LIFE Images Collection (lu). **26 Alamy Stock Photo:** ITAR-TASS News Agency (go). **Getty Images:** Sovfoto / UIG (mr). **27 Alamy Stock Photo:** Granger Historical Picture Archive (r); Space prime (mu). **28-29 NASA. 30 Alamy Stock Photo:** Heritage Image Partnership Ltd (l); SPUTNIK (r). **31 akg-images:** Sputnik (gom). **NASA:** MSFC (ru). **32 Getty Images:** Bob Gomel / The LIFE Images Collection. **34-35 Getty Images:** Sovfoto / UIG (m). **35 Alamy Stock Photo:** ITAR-TASS News Agency (mro, mr); Sputnik (ru). **38-39 Science Photo Library:** Sputnik (m). **38 Getty Images:** Bettmann (mlu). **40-41 NASA. 40 NASA:** (mu). **41 NASA:** (gor). **42 Alamy Stock Photo:** Netflix / Courtesy Everett Collection Inc (ru). **NASA:** (mlu). **43 Courtesy of the International Women's Air & Space Museum , Cleveland, Ohio:** (l). **Getty Images:** Bettmann (gom/Jerrie Cobb); Thomas D. Mcavoy / The LIFE Images Collection (gol, mu); Donald Uhrbrock / The LIFE Images Collection (gom); Shel Hershorn / The LIFE Images Collection (mlo, mu); Nat Farbman / The LIFE Picture Collection (mo); Don Cravens / The LIFE Images Collection (mo/Mary Wallace Funk, mlu); Time Life Pictures (mro); The Denver Post (ml, ul). **NASA:** (gor). **44 Alamy Stock Photo:** Everett Collection Inc (mr/JETSONS); Joe Tree (gor); INTERFOTO (mr). **Dorling Kindersley:** Museum of Design in Plastics, Bournemouth Arts University, UK (ul). **Smithsonian National Air and Space Museum:** NASM 9A14823 (mu). **45 Alamy Stock Photo:** Trinity Mirror / Mirrorpix (m); Old Visuals (gor/Unisphere). **Dorling Kindersley:** Parker Harris Collection (ul). **Dreamstime.com:** Christoph Weihs / Aeolos (gor). **Getty Images:** Universal History Archive / UIG (gol). **46 NASA:** Brad Ball / Langley Research Center (gom, ml, mr, mu). **47 NASA:** JSC (ul, ur, gol, gor); Bob Nye / NASA Langley Research Center (m). **48 Dreamstime.com:** Nerthuz (gor). **50-51 NASA:** JSC. **51 NASA:** Kennedy Space Center, FL (mro). **52 NASA:** Goddard / Arizona State University.; JPL (mlo). **53 NASA:** Kennedy Space Center (gor, mr); J.L. Pickering (ur). **55 Alamy Stock Photo:** NASA Image Collection (mo). **NASA:** JSC (gol, gor). **56 Alamy Stock Photo:** Archive PL (mro). NASA: (mlo, mo). **57 NASA:** (gol, mro); Moss (mo). **58 NASA:** Ed Hengeveld (mlu). **61 Science Photo Library:** Babak Tafreshi (gor). **62-63 NASA. 63 NASA:** (gor). **64 NASA:** (gor); KSC (ul). **65 NASA:** (ul); KSC (gor). **66-67 NASA:** (m). **66 NASA:** Great Images in NASA (m, ml). **67 Getty Images:** Ralph Morse / The LIFE Picture Collection (mr). **NASA: Saturn Apollo Program** (m). **68 NASA:** Image Science and Analysis Laboratory, NASA-Johnson Space Center. (m, ur); Kipp Teague. (ml). **69 NASA:** Image Science and Analysis Laboratory, NASA-Johnson Space Center. (gor, gol). **70-71 NASA. 72 Getty Images:** Bob Peterson / The LIFE Images Collection (gom); Evening Standard / Stringer (ul). **72-73 Alamy Stock Photo:** Tor Eigeland (mu). **NASA:** (m). **Rex by Shutterstock:** (gom). **73 Getty Images:** Bettmann (gor); The Sydney Morning Herald / Trevor Dallen / Fairfax Media (ur). **74 NASA:** JSC (mo, gol, gor). **75 NASA:** Image Science and Analysis Laboratory, NASA-Johnson Space Center. (gor);. **76 Getty Images:** © ABC (ul). **77 NASA:** (gor); KSC (mlo). **81 Alamy Stock Photo:** NASA Photo (gol). **Getty Images:** Bettmann (ml, mu); Keystone-France / Gamma-Rapho (gor); Keystone-France\Gamma-Rapho (mr); Time Life Pictures / NASA / The LIFE Picture Collection (ul); George Lipman / The Sydney Morning Herald / Fairfax Media (mru). **82 NASA:** JSC (u, gol, gor). **83 NASA:** JSC (gol, ml, ul, gor, mr, ur). **84 Getty Images:** Hulton-Deutsch Collection / CORBIS (gor). **85 William Suitor. 87 NASA:** (mro). **88-89 NASA. 90-91 NASA:** Eugene A. Cernan (u). **91 NASA:** (mr, gom). **92 NASA:** (mlo). **Smithsonian National Air and Space Museum:** TMS A19760745000cp02 (mro). **93 NASA:** Goddard Space Flight Center (mlo, mro, gom). **94 NASA:** (mro, ml, ul, ur, mu); MSFC (mo). **94-95 NASA:** MSFC (Missionsabzeichen); Goddard Space Flight Center / ASU (m). **95 Alamy Stock Photo:** National Geographic Image Collection (mru). **NASA:** J. L. Pickering (gol, gom); JSC (mu, ul, gor, m). **96 NASA:** Ed Hengeveld (mr, m). **97 NASA:** JSC (ml, mr). **98-99 NASA:** Davis Meltzer / JSC. **99 NASA:** (gol, mru). **100 Alamy Stock Photo:** Sputnik (mo, mro). **100-101 Getty Images:** Keystone-France / Gamma-Keystone (mu). **101 Alamy Stock Photo:** Sergey Galyamin (gom); Sputnik (u). **Science Photo Library:** Sputnik (mro). **102 NASA:** JPL-Caltech / KSC (m); JPL (mr, ur, mu); JPL / USGS (mru). **102-103 NASA:** JPL (m). **103 Alamy Stock Photo:** J Marshall - Tribaleye Images (gor). **NASA:** JPL (gol, ul, m, mu). **104 NASA:** JSC (ml). **105 NASA:** AFRC (gor). **106 NASA:** JSC (gom). **106-107 NASA:** JSC (gom). **Alamy Stock Photo:** Peter Probst (gol). **107 Alamy Stock Photo:** ITAR-TASS News Agency (mu), Sputnik (ur). **NASA:** KSC (gor). **Rex by Shutterstock:** Denis Cameron (ul). **108 NASA:** JSC (ur). **109 NASA:** JSC (gor), MSFC. **111 NASA:** ESA und STScl (mr), JSC (gor), X-ray: CXC / PSU / L.Townsley et al., Optical: STScl, Infrared: NASA / JPL / PSU / L.Townsley et al. (ul). **112 NASA:** (gol, gor), MSFC (m). **113 NASA:** (ul, gor). **114-115 NASA:** (gom). **114 NASA:** (gor), KSC (gol). **115 NASA:** JSC (gor, mu), MSFC (ur). **117 NASA:** (mru, mu). **118 ESA:** NASA (mlu). **NASA:** JSC (mr), (ul). **119 ESA:** NASA (ul). **NASA:** JSC (mru, gol, mro). **120 NASA:** Bill Ingalls. **121 NASA:** Bill Ingalls (ml), JSC (gol). **122-123 NASA. 122 NASA:** JSC (mru). **123 NASA:** (mru). **124-125 NASA:** (u). **124 NASA:** (ml). **125 NASA:** (m), Karl Shreeves (ur). **126 Alamy Stock Photo:** Wang Jianmin / Xinhua (gor). **NASA:** Johns Hopkins University Applied Physics Laboratory / Carnegie Institution of Washington (mru). **127 ESA:** NASA / JPL / University of Arizona (gom). **NASA:** JPL-Caltech / KSC / LEGO (mro), JPL (m), Goddard Space Flight Center (gol), JPL-Caltech / SwRI / MSSS / Betsy Asher Hall / Gervasio Robles (mlu), JPL-Caltech / Space Science Institute (mru). **128 NASA:** JPL-Caltech / MSSS. **129 NASA:** Goddard Space Flight Center (ur). **130 NASA:** ESA und M. Buie / Southwest Research Institute (gol), Johns Hopkins University Applied Physics Laboratory / Southwest Research Institute (m). **131 NASA:** JPL (mru), JHUAPL / SwRI (m, gor). **132-133 Alamy Stock Photo:** Krisikorn Tanrattanakunl. NASA: JPL-Caltech (m). **132 NASA:** Ames / JPL-Caltech / T. Pyle (go). **133 NASA:** Ames / JPL-Caltech (gor, mru). **136 Getty Images:** Bryan Chan / Los Angeles Times (ur), Robert Laberge (mru). **137 ESA:** J. Huart (mu). Getty Images: Pallava Bagla / Corbis (mr). **NASA:** Bill Ingalls (gol). **138-139 NASA:** Robert Markowitz & Bill Stafford (m). **138 NASA:** (gol, mo). **139 NASA:** (mr, gom). **142 Alamy Stock Photo:** Science Collection. **143 Alamy Stock Photo:** (m/S9, c/S10), Science Collection (ml, ml/S7, m). **144 Alamy Stock Photo:** Bob Daemmrich (l). Getty Images: SpaceX / Handout (mu). **145 Alamy Stock Photo:** Blue Origin (mu). **Getty Images:** Paul Morigi / WireImage (r). **146 NASA:** (mlu). **147 ESA:** David Ducros, 2016 (gor). **148 Getty Images:** VCG. **149 Alamy Stock Photo:** Alejandro Miranda (ur). **Getty Images:** AFP / STR (gom), VCG (gol). **150-151 ESA:** Foster + Partners (go). **151 NASA:** Regan Geeseman (gor). **152 NASA:** Scott Kelly (gor). **152-153 NASA:** (mu). **153 NASA:** Bigelow Aerospace (ur), ESA / SOHO (gol, gor). **155 NASA:** Dimitri Gerondidakis (mr). **156 NASA:** (mru). World View Enterprises, Inc.: (mro). **157 Alamy Stock Photo:** Blue Origin (mlo). **Getty Images:** Jason DiVenere / Virgin Galactic (mo). **NASA:** (mlu, mru). **158 Dreamstime.com:** Mari1408 (ul, mu, mu/Eule). **158-159 Made In Space, Inc:** Dylan Taylor **159 ESA / Hubble:** NASA/Nick Rose/http://creativecommons.org/licenses/by/3.0 (mu). **Made In Space, Inc.:** (mu/Zahnrad). **NASA:** (ur). **160 NASA:** SpaceX / KSC (mr), Bill Stafford (l). **161 Copyright The Boeing Company /Boeing Images:** (gor). Joshua Dalsimer: Dava Newman (m). **NASA:** (mru). **162 Alamy Stock Photo:** Dennis MacDonald (gor). **Dreamstime.com:** Paul Lemke / Lokinthru (u). **163 123RF.com:** Kostic Dusan (mr). **Alamy Stock Photo:** BSIP SA (mu), Alex Segre (ml), Aleksey Zakirov (gor). **Dorling Kindersley:** Richard Leeney / Bergen County, NJ, Law and Public Safety Institute (gom). **164-165 NASA. 164 NASA:** JPL (ur). **165 NASA:** JPL-Caltech / University of Arizona (mru, mr). **167 Alamy Stock Photo:** Science Collection (mr, ur). **168 NASA:** JPL / Cornell. **169 NASA:** JPL-Caltech / MSSS / Texas A&M Univ. (ul). **170-171 NASA:** Clouds AO / SEArch. **171 NASA:** University of Arizona (gor). **172 NASA:** JPL-Caltech / Space Science Institute (ur, ml, go). **173 Dreamstime.com:** Okea (m). **NASA:** JPL-Caltech / SETI Institute (ul). **174 Dreamstime.com:** Jf123 / iPad ist Warenzeichen von Apple Inc., eingetragen in den USA und anderen Ländern. (ml). **Getty Images:** CBS Photo Archive (mlo), Keith Hamshere / INACTIVE (mro). **NASA:** JSC (mr). **175 123RF.com:** Micha? Giel / gielmichal (ur/tv). **Alamy Stock Photo:** Hanna-Barbera / Everett Collection (mro). **Dreamstime.com:** Colette6 (ml), Duskbabe (mr). **Getty Images:** Hulton Archive (mlo). **NASA:** ESA und das Hubble Heritage (STScl / AURA)-ESA / Hubble Collaboration (ur). **176 NASA:** KSC (ul). **Science Photo Library:** (gor). **177 NASA:** (m), KSC (gol, ul). Virgin Galactic: (mro). **180-181 Getty Images:** Matjaz Slanic / E+. **180 NASA:** JPL-Caltech / Space Science Institute (mlo). **182-183 NASA:** Earth Observatory. **183 NASA:** (mro). **184-185 NASA:** JSS. **Cover:** *Vorder- und Rückseite*: **Dreamstime.com:** Igor Marusitsenko (Hg).

Alle anderen Abbildungen © Dorling Kindersley. Weitere Informationen unter **www.dkimages.com**